全国高等农林院校"十一五"规划教材

地质学与地貌学实验实习指导

王　数　东野光亮　主编

中国农业出版社

图书在版编目（CIP）数据

地质学与地貌学实验实习指导/王数，东野光亮主编．
北京：中国农业出版社，2007.10（2018.12重印）
全国高等农林院校"十一五"规划教材
ISBN 978-7-109-11949-9

Ⅰ．地… Ⅱ．①王…②东… Ⅲ．①地质学-实验-高等学校-教学参考资料②地貌学-实验-高等学校-教学参考资料 Ⅳ．P5-33 P931-33

中国版本图书馆 CIP 数据核字（2007）第 156658 号

中国农业出版社出版
（北京市朝阳区农展馆北路 2 号）
（邮政编码 100125）
责任编辑 李国忠 毛志强

北京万友印刷有限公司印刷 新华书店北京发行所发行
2007 年 12 月第 1 版 2018 年 12 月北京第 5 次印刷

开本：720mm×960mm 1/16 印张：10.75
字数：190 千字
定价：21.00 元

（凡本版图书出现印刷、装订错误，请向出版社发行部调换）

主　编　王　数　东野光亮
副主编　陈亚恒　郑子成　冯　君
编　者（按姓氏笔画排序）

　　　　　王　数　　　　　中国农业大学
　　　　　东野光亮　　　　山东农业大学
　　　　　田晓东　　　　　山西农业大学
　　　　　冯　君　　　　　吉林农业大学
　　　　　李惠卓　　　　　河北农业大学
　　　　　陈亚恒　　　　　河北农业大学
　　　　　郑子成　　　　　四川农业大学
　　　　　夏建国　　　　　四川农业大学

前 言

《地质学与地貌学实验实习指导》是教材《地质学与地貌学教程》的配套实践教材。根据教学需要，该教材分为室内实验和野外实习两大部分。其中室内实验部分包括：矿物、岩石的肉眼鉴定；矿物、岩石的显微鉴定；地质罗盘仪的使用，读图与绘图三个方面。该部分的内容基本按教材《地质学与地貌学教程》的顺序编写。野外实习部分包括：野外实习的基本工作方法；野外地质调查的基本方法及技能；地貌调查；地质地貌调查的遥感方法；典型的地质地貌教学实习路线五个方面。由于地学课程具有很强的实践性特点，因而此部分即是为该课程相应的野外实习而编写的。该教材可供土地资源管理、农业资源与环境、生态、资源环境与城乡规划管理、地理信息科学环境工程、水土保持与荒漠化防治等专业的本科生以及相关专业学生使用，各学校可根据不同专业特点选择相应的内容。

本教材由中国农业大学、山东农业大学、吉林农业大学、山西农业大学、河北农业大学和四川农业大学的任课教师联合编写，是老师们多年教学经验的积累和总结。

本教材得到了中国农业大学资源与环境学院李保国教授和有关老师的支持与帮助，在此表示衷心感谢！感谢所有关心和支持本教材的人们！

由于编者的学识有限，书中如有不当之处，敬请广大师生和读者批评指正。

编 者

2007 年 6 月

目　　录

前言

第一部分　室内实验

矿物、岩石的肉眼鉴定 1
 实验一　矿物的形态和物理性质的观察 1
 实验二　常见硅酸盐造岩矿物的鉴定 8
 实验三　非硅酸盐矿物的鉴定 9
 实验四　主要岩浆岩的认识 9
 实验五　主要沉积岩的认识 14
 实验六　主要变质岩的认识 18
 实验七　矿物及岩石的综合观察 19

矿物、岩石的显微鉴定 23
 实验八　偏光显微镜下常见矿物、岩石的鉴定 23

地质罗盘仪的使用，读图与绘图 43
 实验九　地质罗盘仪的结构与使用 43
 实验十　地质构造模型的观察 47
 实验十一　地质图的判读 52
 实验十二　地形图的使用和剖面图的绘制 55
 实验十三　潜水埋藏深度图的绘制 64
 实验十四　潜水等水位线图的绘制 66

第二部分　野外实习

一、野外实习的基本工作方法 71
 （一）拟定实习计划和工作方案 71
 （二）准备工作和实习要求 72
二、野外地质调查的基本方法及技能 75
 （一）野外地质调查的基本方法 75
 （二）野外鉴定三大类岩石的基本方法 80

（三）地质构造的野外观察方法 ………………………………… 93
三、地貌调查 ………………………………………………………… 99
　　（一）地貌分类 …………………………………………………… 99
　　（二）第四纪沉积物 ……………………………………………… 102
　　（三）地貌调查程序 ……………………………………………… 105
　　（四）野外地貌观测和记录的内容 ……………………………… 108
四、地质地貌调查的遥感方法 ……………………………………… 110
　　（一）遥感调查的基本原理 ……………………………………… 110
　　（二）遥感调查的主要内容和方法 ……………………………… 114
　　（三）遥感制图 …………………………………………………… 124
五、典型的地质地貌教学实习路线 ………………………………… 126
　　（一）山东泰山实习 ……………………………………………… 127
　　（二）山西五台山实习 …………………………………………… 137
　　（三）山西大同火山群观察 ……………………………………… 139
　　（四）吉林长春地区实习 ………………………………………… 140
　　（五）四川雅安地区实习 ………………………………………… 145
　　（六）北京西山上苇甸—灰峪村实习 …………………………… 149
　　（七）北京周口店—十渡实习 …………………………………… 152
　　（八）参观中国地质博物馆 ……………………………………… 157

附录一　常见岩石花纹图例 ………………………………………… 159
附录二　各种常用构造符号 ………………………………………… 160
附录三　地质代号及色谱 …………………………………………… 161
主要参考文献 ………………………………………………………… 162

第一部分　室内实验

矿物、岩石的肉眼鉴定

实验一　矿物的形态和物理性质的观察

一、实验目的

（1）通过观察典型矿物的形态、光学和力学等物理性质，巩固课堂上讲授的有关知识。
（2）掌握描述矿物的有关术语及方法。
（3）掌握主要造岩矿物的鉴定特征。

二、实验要求

（1）实习前认真预习教材中有关矿物的知识。
（2）认真、仔细地观察典型矿物标本，注意其鉴定特征。

三、工具与药品

放大镜、小刀、条痕板、10％HCl 溶液。

四、实验内容

（一）矿物形态的观察

1. **矿物单体形态的观察**　矿物单体的形态可从矿物单体的结晶习性和晶面上的特征这两个方面来描述。本实习着重于矿物的结晶习性，它是鉴定矿物的重要依据。结晶习性也称晶体习性，是指矿物在外界条件下，常常趋向于形成某种特定的习见形态。根据晶体在三维空间的发育程度，晶体习性大致分为三种基本类型：

（1）一向延长型。晶体沿一个方向特别发育，呈柱状、棒状、针状等。如绿柱石、角闪石、电气石、雄黄等。
（2）二向延长型。晶体沿两个方向相对更发育，呈板状、片状、鳞片状等。如板状石膏、云母、重晶石、石墨等。

（3）三向延长型。晶体沿三个方向发育大致相同，呈粒状或等轴状。如黄铁矿、橄榄石、石榴子石等。

此外，还存在短柱状、板柱状、板条状和厚板状等过渡类型。

2. 双晶　同种物质的晶体有规则地连生在一起，称为双晶。双晶可以是两个晶体，也可以是两个以上的晶体平行连生。如萤石的穿插双晶，方解石的双晶，正长石的卡氏双晶和斜长石的聚片双晶，后两种双晶常常是区别这两类长石的重要依据。

3. 显晶质集合体的观察　根据单体的晶体习性及集合方式，显晶质集合体的形态常见有柱状、针状、板状、片状、鳞片状和粒状等，如云母、板状石膏等为板状集合体。此外，还常见一些特殊形态的集合体：

（1）纤维状集合体。由一系列细长针状或纤维状的矿物单体平行密集排列而成，如纤维状石膏。

（2）放射状集合体。由长柱状、针状或板状的许多单体围绕某一中心呈放射状排列而成。

（3）晶簇。是指在岩石的空洞或裂隙中，丛生于同一基底，另一端朝向自由空间发育而具完好晶形的簇状单晶体群，如常见的水晶晶簇（彩图1）、方解石晶簇、辉锑矿。

4. 隐晶质及胶态集合体　只有在高倍显微镜下才可分辨矿物单体的集合体称为隐晶质集合体，而胶态集合体则即使在显微镜下也不能辨别出单体的界线。隐晶质及胶态集合体可以由溶液直接结晶或胶体作用形成。由于胶体的表面张力作用，常使集合体表面趋向于球状外貌。胶体老化后，常变成隐晶质或显晶质。按其形成方式及外貌特征，常见的隐晶质及胶态集合体主要有：

（1）分泌体。是在球状或不规则形状的岩石空洞中，由胶体或晶质物质自洞壁逐渐向中心层层沉淀充填而成。分泌体外形常呈卵圆状，具同心层状构造，中心往往留有空腔，有时其中还见有晶簇。各层在成分和颜色上有差异。

分泌体平均直径>1cm者称晶腺，如玛瑙晶腺；平均直径<1cm、充填于火山熔岩气孔中的次生矿物（如方解石等）称杏仁体。

（2）结核。与分泌体不同，结核是由隐晶质或胶凝物质围绕某一中心（如沙粒、生物碎片或气泡等），自内向外逐渐生长而成。结核一般多见于沉积岩中，常形成于海洋、湖沼中。

结核形状多样，有球状、瘤状、透镜状和不规则状等，其直径一般>1cm，内部常具同心层状、放射纤维状或致密构造，如黄铁矿结核，其表面还可见因胶体老化所致的立方体晶面（图1-1-1）。此外，也常见磷灰石、方解石、赤铁矿、褐铁矿等结核。

(3) 鲕状及豆状集合体。是指由胶体物质围绕悬浮状态的细沙粒、矿物碎片、有机质碎屑或气泡等层层凝聚而成，并沉积于水底呈圆球形、卵圆形的矿物集合体。若半数以上球粒的直径＜2mm，其形状、大小如鱼卵者称为鲕状集合体，如

图 1-1-1　黄铁矿结核
(引自南京大学地质系岩矿教研室，1978)

鲕状赤铁矿、鲕状铝土矿；如果球粒大小似豌豆，其直径一般为数毫米，则称为豆状集合体，如豆状赤铁矿。鲕状及豆状集合体均具明显的同心层状内部构造。

(4) 钟乳状集合体。是指在岩石洞穴或裂隙中，由于溶液蒸发或胶体凝聚，在同一基底上向外逐层堆积而形成的集合体的统称。这类集合体内部具同心层状、放射状、致密状或结晶粒状构造。其外部构造常呈圆锥形、圆丘形、半球形和半椭球形等形状，通常以具体形状与常见物体类比而给予不同的名称，如石钟乳、石笋、石柱等。

此外，还有以下几种集合体：

块状集合体：凭肉眼或放大镜不能辨别其颗粒界线的矿物致密块体。

土状集合体：矿物呈细粉末状较疏松地聚集成块。

粉末状集合体：矿物呈粉末状分散附在其他矿物或岩石的表面。

(二) 矿物物理性质的观察

1. 矿物的光学性质　矿物的光学性质是矿物对光线的吸收、折射和反射所表现出来的各种性质，包括颜色、条痕、光泽和透明度。

(1) 颜色。矿物的颜色主要是矿物对可见光波的吸收作用引起的。根据颜色的成因，可分为以下三种：

①自色：矿物本身固有的颜色，自色主要是由于矿物成分中含有色素离子引起的。自色比较稳定，故在矿物鉴定上意义较大，如黄铜矿具黄铜色，磁铁矿具铁黑色，孔雀石具绿色（彩图2），方解石、石膏具有白色等，都是自色。

②他色：与矿物本身固有的化学组成无关，因外来的带色杂质、气泡等包裹体的机械混入，而染成的颜色称为他色，如蔷薇石英，由于他色多变不稳定，在一般情况下无鉴定意义。

③假色：由于矿物内部的裂缝、解理面及表面的氧化膜引起光波的干涉而产生的颜色称为假色，如黄铜矿风化表面彩色薄膜所形成的锖色（烤蓝色）。

(2) 条痕。条痕是矿物粉末的颜色，将矿物在干净、平整、白色无釉的瓷

板上擦划，当矿物的硬度小于瓷板时，所留下的条痕色即为条痕。矿物的条痕色比矿物表面的颜色更为固定，它能清除假色，减弱他色而显自色，因而更具有鉴定意义，如块状赤铁矿有黑色、红色等，但它们的条痕都是樱红色。

（3）透明度。矿物透光的能力称为透明度，通常根据矿物透光能力的大小分为三类：

①透明矿物：如水晶、冰洲石。

②半透明矿物：如方解石、石英。

③不透明矿物：如磁铁矿、石墨。

（4）矿物的光泽。矿物的光泽是指矿物表面对可见光的反射能力。如矿物反光能力大，则光泽强，反之光泽弱。

肉眼鉴定矿物时，根据矿物新鲜平滑的晶面、解理面或磨光面上反光能力的强弱，同时配合矿物的条痕和透明度，将矿物的光泽分为4个等级：

①金属光泽：反光能力很强，如同光亮的金属器皿表面的光泽，如黄铁矿。

②半金属光泽：反光能力较强，如同未经磨光的金属表面的反光。矿物呈金属色，条痕为深彩色（如棕色、褐色等），不透明—半透明。如赤铁矿、磁铁矿等。

③金刚光泽：反光能力较强，似金刚石般明亮耀眼地反光。矿物的颜色和条痕均为浅色（如浅黄、橘红、浅绿等）、白色或无色，半透明—透明。如浅色闪锌矿、雄黄和金刚石。

④玻璃光泽：反光能力相对较弱，呈普通平板玻璃表面的反光。矿物为无色、白色或浅色，条痕呈无色或白色，透明。如石英晶面、方解石、萤石。

⑤变异光泽：在矿物不平坦的表面或矿物集合体的表面上，常表现出一些特殊的变异光泽，主要有：

A. 油脂光泽：某些具玻璃光泽或金刚光泽、解理不发育的浅色透明矿物，在其不平坦的断口上所呈现的如同油脂般的光泽。如石英断口上的油脂光泽，磷灰石断口上的光泽。

B. 树脂光泽：在某些具金刚光泽的黄、褐或棕色透明矿物的不平坦的断口上，可以见到似松香般的光泽。

C. 沥青光泽：解理不发育的半透明或不透明的黑色矿物，其不平坦的断口上具乌亮沥青状光泽。如沥青铀矿等。

D. 珍珠光泽：浅色透明矿物的极完全解理面上呈现出如同珍珠表面或蚌壳内壁那种柔和而多彩的光泽。如白云母、板状石膏。

E. 丝绢光泽：无色或浅色、具玻璃光泽的透明矿物的纤维状集合体表面常呈蚕丝或丝织品状的光亮。如纤维石膏和石棉等。

F. 蜡状光泽：某些透明矿物的隐晶质或非晶质致密块体上，呈现出蜡烛表面的光泽。如块状叶蜡石、蛇纹石和粗糙的玉髓等。

G. 土状光泽：呈土状、粉末状或疏松多孔状集合体的矿物，表面如土块般暗淡无光。如高岭石、褐铁矿等。

影响光泽的主要因素是矿物的化学键类型。具金属键的矿物，一般为金属或半金属光泽；具共价键的矿物，一般为金刚光泽或玻璃光泽；具离子或分子键的矿物，对光的吸收程度小，反光很弱，光泽即弱。

矿物的光泽等级一般是确定的，但变异光泽却因矿物产出状态不同而异。光泽是鉴定矿物的依据之一，也是评价宝石的重要标志。

在观察矿物的光泽时，要在比较明亮的光线下，对着光线的入射方向，反复转动矿物来进行观察，对矿物晶体要选择清洁新鲜的解理面、晶面光滑的平面进行观察，对矿物的集合体，是以矿物集合体总的光泽为准。另外还要注意某些矿物不同部位具有不同的光泽，如石英晶面是玻璃光泽，而断口上却是油脂光泽。

矿物的各种光学性质是相互关联的，表1-1-1总结了矿物的颜色、条痕、光泽、透明度间的关系。

表1-1-1 矿物颜色、条痕、光泽、透明度间的关系

颜 色	无色或白色	浅（粉）色	深 色	金属色
条 痕	无色或白色	无色或白色	无色或白色	深色或金属色
光 泽	玻璃—金刚光泽		半金属或金属光泽	
透明度	透 明	半透明	不透明	

2. 矿物的力学性质 矿物在外力作用下所表现出的性质称为力学性质，包括解理、断口、硬度、相对密度等。

（1）解理与断口。矿物在外力作用下，沿着一定方向裂开成光滑平面的性能称为解理，此种裂开的平面称为解理面。若矿物在外力作用下不是沿着一定的方向破裂，同时破裂面呈凹凸不平的表面，这种破裂面称为断口。

根据解理形成的难易，解理片之厚薄、大小及平整光滑的程度，将解理分为五级：

①极完全解理：矿物易分裂成薄片，解理面平整光滑，此类矿物一般无断口出现，如云母。

②完全解理：用小锤轻击，即会沿解理面裂开，解理面相当光滑，此类矿物不易见到断口，如方解石。

③中等解理：矿物受力后，常沿解理面破裂，解理面较小而不很平滑，且不太连续，常呈阶梯状，却仍闪闪发亮，清晰可见。如辉石、蓝晶石等。

④不完全解理：在外力击碎的矿物上，很难看到明显的解理面，大部分为不平坦的断口。如磷灰石。

⑤极不完全解理：实际上没有解理，如石英。

没有解理的矿物，断口自然十分明显，断口不发育者，解理发育。

另外，由于晶格中构造单位间的结合力在各个方向上可以相同，也可以不同，因而在同一矿物上就可以具有不同方向和不同程度的几组解理同时出现，例如云母有一组极完全解理，方解石具有三组完全解理。

（2）矿物的硬度。矿物抵抗刻划、压入和研磨的能力称为硬度。矿物的硬度比较稳定，在鉴定上具有很大意义。

矿物硬度的大小，通常是与摩氏硬度计中矿物互相刻划进行比较而确定，摩氏硬度计中包括十种矿物（表1-1-2）。

表1-1-2　矿物硬度分级

硬度等级	1	2	3	4	5	6	7	8	9	10
代表矿物	滑石	石膏	方解石	萤石	磷灰石	正长石	石英	黄玉	刚玉	金刚石

鉴定矿物硬度的方法是在被测矿物的平面上用硬度计中标准矿物的尖端去刻划它，若在矿物表面留下刻痕，则标准矿物硬度大于被测矿物，否则标准矿物的硬度小于被测矿物的硬度。通过多次试验，使被测矿物的硬度介于硬度计中相邻标准矿物硬度之间，便可得出待测矿物的硬度。

此外，应当说明的是，摩氏硬度计仅是硬度的一种等级，它只表明硬度的相对大小，不表示其绝对值的高低，绝不能认为金刚石的硬度为滑石的10倍。

在野外工作中，为了迅速而方便地确定矿物的相对硬度，常用下列工具：指甲（约2.5）、小刀（约5.5）、钢锉（6~7）等。

风化、裂隙及杂质的存在常会降低矿物的硬度，集合体如呈细粒、土状、粉末状或纤维状，往往很难精确测定其单体的硬度，所以测矿物的硬度时，要尽可能地在颗粒大的单体新鲜面试划。

（3）相对密度。相对密度是指矿物在空气中的质量与4℃时同体积纯水的质量比。

精确地测定矿物相对密度需要在实验室专门进行。肉眼鉴定矿物时，可用手来估量，只有当矿物的相对密度有很大差异时，才能作为鉴定特征。

一般用手粗略估量矿物的相对密度，按其大小分三级：

相对密度<2.5为轻矿物，如石膏。

相对密度 2.5~4 为中等矿物，如方解石、石英。

相对密度>4 为重矿物，如重晶石、黄铁矿。

3. 矿物的其他物理性质　包括矿物的磁性、发光性、弹性、放射性、咸、苦、滑感等。例如：云母具有弹性，萤石具有发光性等，这些性质对于某种矿物具有鉴定意义。

五、作业

（1）仔细观察表 1-1-3 中所列矿物的形态及物理性质，并将结果填于表中。

表 1-1-3

矿物名称	化学成分	形态	颜色	光泽	硬度	解理或断口	其他物理性质	主要鉴定特征
1. 石英								
2. 白（黑）云母								
3. 方解石								
4. 石膏								
5. 正长石（钾长石）								
6. 辉石								
7. 黄铁矿								
8. 普通角闪石								
9. 橄榄石								
10. 高岭石								
11. 斜长石								

（2）何谓原生矿物和次生矿物？按实习中所见到的标本，比较原生矿物（石英、云母、绿辉石、正长石、斜长石等）与次生矿物（高岭石、蒙脱石、褐铁矿、方解石、石膏等）在共性上的不同。

（3）正长石经风化作用可以变成高岭石，黄铁矿经氧化作用变成褐铁矿，比较正长石与高岭石、黄铁矿与褐铁矿的不同。

（4）区别下列各组矿物：

①辉石与角闪石

②方解石与白云石
③白云母与黑云母
④正长石与斜长石

六、思考题

(1) 矿物的颜色、光泽、透明度、条痕等矿物光学性质有什么关系？
(2) 解理是怎样产生的？如何区别解理面和晶面？

实验二　常见硅酸盐造岩矿物的鉴定

一、实验目的

进一步熟悉硅酸盐矿物的化学成分、内部构造与矿物的外部形态、物理性质之间的关系，熟悉常见的硅酸盐造岩矿物。

二、实验要求

(1) 熟悉硅酸盐矿物结晶构造的类型及特点。
(2) 从硅酸盐矿物的内部构造与外部性状的相互联系上掌握硅酸盐造岩矿物（如辉石、角闪石、云母、长石、石英、橄榄石等）的鉴定特征（这里把石英当成广义的硅酸盐矿物）。

三、实验内容

(1) 预习教材中有关硅酸盐造岩矿物的内容，仔细观察岛状、环状、链状、层状、架状、环状构造硅酸盐矿物的特点。
(2) 观察橄榄石、辉石、角闪石、黑云母、白云母、正长石、斜长石、石英的形态和物理性质，掌握其主要鉴定特征，注意区别性状相似的矿物，如石英与斜长石，正长石与斜长石，辉石与角闪石，黑云母与白云母等矿物的异同。

四、作业

(1) 进一步仔细观察主要的硅酸盐造岩矿物，并掌握其鉴定特征。
(2) 试分析本实验所鉴定的硅酸盐造岩矿物的化学成分、内部构造是如何影响其形态及物理性质的？
(3) 如果给你三块矿物标本：正长石、石英、斜长石，如何进行鉴定？

实验三 非硅酸盐矿物的鉴定

一、实验目的

认识常见的非硅酸盐矿物,并对它们的用途有所了解。

二、实验要求

(1) 掌握碳酸盐、氧化物、硫化物类矿物中的成分及鉴定特征。
(2) 熟练掌握非硅酸盐矿物物理性质的鉴定技能,准确地鉴定出非硅酸盐矿物的物理性状,了解它们的用途。

三、实验内容

仔细观察常见的非硅酸盐矿物:方解石、白云石、赤铁矿、磁铁矿、黄铁矿、黄铜矿、磷灰石、萤石、钾盐、石膏、重晶石、自然硫、软锰矿及硬锰矿的形态和物理性质,掌握其主要鉴定特征,注意相似矿物的物理性质,如方解石与白云石,赤铁矿、褐铁矿与磁铁矿,软锰矿与硬锰矿,黄铁矿与黄铜矿,滑石与蛇纹石等。

四、作业

将指定矿物的鉴定特征填于表 1-1-4。

表 1-1-4 指定矿物的鉴定特征

矿物名称	化学成分	形态	颜色	条痕	光泽	透明度	硬度	解理与断口	其他性质
方解石									
磁铁矿									
磷灰石									
钾盐									
黄铁矿									
黄铜矿									
重晶石									

实验四 主要岩浆岩的认识

根据 SiO_2 在岩石中的含量,可把岩浆岩分为以下几类:

超基性岩类：SiO_2 含量＜45％。
基性岩类：SiO_2 含量 45％～52％。
中性岩类：SiO_2 含量 52％～65％。
酸性岩类：SiO_2 含量＞65％。

这四类岩浆岩的颜色由深到浅,是鉴定岩石的主要特征之一,详见表 1-1-5。

表 1-1-5 岩浆岩分类简表

岩石类型			超基性岩类	基性岩类	中性岩类	中碱性岩类	酸性岩类
SiO_2 的含量			＜45％	45％～52％	52％～65％		＞65％
颜色			深（黑绿、深灰）			浅（红、浅灰、黄）	
石英含量			无	无或很少	＜5％	较少	＞20％
主要矿物			橄榄石 辉石 ＞90％ 角闪石	基性斜长石 辉石	中性斜长石 角闪石	钾长石 角闪石	正长石 酸性斜长石
次要矿物				黑云母	橄榄石 角闪石 黑云母	黑云母 石英	黑云母为主 角闪石次之
产状	构造	结构					
喷出岩	火山锥	块状、气孔状	玻璃质	少见	浮岩	黑曜岩	
	熔岩流	致密块状、气孔状、杏仁状、流纹状	隐晶质斑状	少见	玄武岩	安山岩	粗面岩	流纹岩
浅成侵入岩	岩床 岩盘 岩墙	块状	等粒、斑状	少见	辉绿岩	闪长玢岩	正长斑岩	花岗斑岩
深成侵入岩	岩基 岩株	块状	等粒状	橄榄岩	辉长岩	闪长岩	正长岩	花岗岩

一、实验目的

（1）认识岩浆岩的主要结构和构造,学会辨别岩石中的矿物组分。
（2）学会描述岩浆岩的方法。
（3）掌握常见岩浆岩的典型特征。
（4）掌握岩浆岩的分类依据,学会根据"岩浆岩分类表"鉴定岩浆岩的方法。

二、实验要求

（1）预习教材中有关岩浆岩的内容。

（2）认真、仔细地观察岩浆岩标本，认识主要的岩浆岩。

三、实验内容

肉眼观察岩浆岩的结构、构造和主要矿物组成，认识主要的岩浆岩。

（一）岩浆岩的结构

岩浆岩的结构是指岩石中所含矿物的结晶程度、颗粒大小和形状，以及矿物间的相互关系，一般常见的结构有如下几种：

1. 根据岩石的结晶程度划分

（1）全晶质结构。这种结构是指岩石中所有矿物成分已结晶，如花岗岩。

（2）隐晶质结构。是指岩石中矿物颗粒很细，肉眼或放大镜不能辨认，只能在显微镜下才能辨认出颗粒的结构，如玄武岩。

2. 根据矿物颗粒的绝对大小划分

（1）粗粒结构：颗粒粒径＞5mm。

（2）中粒结构：颗粒粒径为 5～2mm。

（3）细粒结构：颗粒粒径为 2～0.2mm。

（4）微粒结构：颗粒粒径为 0.2～0.1mm。

颗粒粒径＞10mm 的结构，称为伟晶结构，如伟晶岩（彩图 4）。

一种岩石可具有粗、中、细三种结构，如有粗粒花岗岩、中粒花岗岩、细粒花岗岩；有时一种岩石中矿物颗粒的大小不均匀，具有两个粒级的矿物，如中—粗粒结构的黑云母花岗闪长岩（彩图 3）。

3. 按矿物颗粒的相对大小划分

（1）等粒结构。指岩石中同种主要矿物的结晶颗粒大小大致相等，见于侵入岩中。

（2）不等粒结构。指岩石中同种主要矿物的结晶颗粒大小不等，多见于浅成岩中。

（3）斑状结构和似斑状结构。指组成岩石的矿物颗粒大小悬殊，其中粗大者称为斑晶，其晶形常较完整；细小者称为基质，晶形常不规则。一般说来，如果基质为显晶质，且颗粒较大者，称为似斑状结构；如果基质为隐晶质或非晶质，称为斑状结构（图 1-1-2），如具斑状结构的安山玄武岩（彩图 5）。

4. 按矿物的自形程度划分

（1）自形结构。矿物晶体具有完整的晶面，其大多是在有足够的时间和空

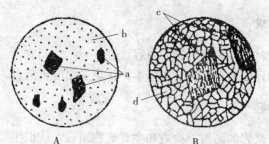

图 1-1-2 斑状结构（A）与似斑状结构（B）
(引自华南农业大学, 1999)

间的情况下生成的（图 1-1-3）。

（2）半自形结构。矿物晶体发育不完整，部分晶面完整，部分晶面不完整。表明在结晶时，很多矿物都在析出，相互干扰，没有自由空间，条件不允许它发育充分。

（3）他形结构。矿物晶体无一完整晶面，形状多不规则。主要是由于晶体生长时已无自由生长的空间形成的，例如花岗岩中的石英就是他形晶。

描述岩浆岩的结构时，可先根据所观察到的岩石的结晶程度特点把岩石分为全晶质、半晶质和玻璃质。如果为全晶质，那就观察其颗粒形态，描述为自形、半自形或他形晶，再观

图 1-1-3 矿物颗粒外形完整程度
上：自形晶 右下：半自形晶 左下：他形晶
(引自华南农业大学, 1999)

察其粒度大小，描述为粗、中、细、隐晶质、非晶质、等粒、不等粒、斑状或似斑状。

（二）岩浆岩的构造

岩浆岩的构造是指岩石各组成部分矿物的排列方式和充填方式所赋予岩石的外貌特征。常见的岩浆岩构造有：

1. **块状构造** 岩石中的矿物分布比较均匀，这是侵入岩浆岩中最常见的一种构造。如闪长岩。

2. **流纹构造** 由于熔岩流动，其中板状、柱状、片状等斑晶矿物作近似平行的排列，玻璃质基质由不同颜色的条纹和拉长的气孔形成流纹状的一种构造，如流纹岩（彩图6）。

3. 气孔构造和杏仁构造 岩浆溢出地表，由于气体逸出，而在岩石中留下近圆形或椭圆形的气孔，称为气孔构造，如果这些气孔被一些后来的次生矿物所充填，则称杏仁构造，如杏仁状安山岩。

4. 枕状构造 在水下溢出的基性熔岩中，常有枕状构造发育，枕体或多或少呈扁椭球体，大小不等地堆在一起。

5. 珍珠构造 主要见于酸性火山玻璃中，由玻璃质冷却收缩形成，特征是形成一系列圆弧形裂开，如珍珠岩。

6. 石泡构造 酸性熔岩的表面由于凝固时气体逸出，体积缩小而产生的具有空腔的多层同心圆球体。这种构造在黑曜岩、流纹岩中最常见。

（三）岩浆岩的矿物组分

辨认岩浆岩的矿物组分，首先从颜色入手，颜色深时，则先观察深色矿物，颜色浅时，则先观察浅色矿物。对于深色矿物，很容易区别出黑云母和橄榄石，因为黑云母有明显的片状，橄榄石的颜色和断口明显，而辉石和角闪石较难区别，两者都是深绿色。一般说来，辉石呈短柱状，而角闪石为长柱状，但通过矿物的共生组合关系可以区别它们。若岩石颜色较浅，且能见到一定量的石英，岩石中的绿色柱状矿物是角闪石；若岩石颜色较深，且很少见到石英，则岩石中的绿色柱状矿物为辉石。对于浅色矿物，很容易区别出石英和白云母，因为石英具有贝壳状断口，且断口上有明显的油脂光泽，白云母有片状特点；钾长石和斜长石特点相近，但可以通过表 1-1-6 中的特点加以辨别：

表 1-1-6 钾长石与斜长石特点比较

	钾 长 石	斜 长 石
颜色	常为肉红色，有时为浅黄色、灰白色	常为灰白色、浅黄色，风化色带绿色
形状	厚板状、板柱状	长条状、针条状、宽板状
双晶	常为卡氏双晶（有时可见明暗不同的两部分）	常为聚片双晶（可见双晶纹）
次生变化	主要变为高岭石，次要变为绢云母	主要变为绢云母，次要变为高岭石

（四）主要岩浆岩的认识

（1）酸性岩类：花岗岩、流纹岩。

（2）中性岩类：闪长岩、安山岩、正长岩。

（3）基性岩类：辉长岩、玄武岩。

（4）超基性岩类：橄榄岩。

（5）火山碎屑岩：火山角砾岩、凝灰岩。

四、作业

(1) 观察表 1-1-7 中所列岩浆岩的颜色、主要矿物成分、结构和构造，并将这些特征填入表中。

(2) 解释岩浆岩的结构、构造，此次实习中见到了哪些结构、构造？

(3) 以基性岩类（辉长岩—辉绿玢岩—玄武岩）和中性岩类（闪长岩—石英闪长玢岩—杏仁状安山岩）为例，说明同类岩浆岩之间、不同类岩浆岩之间的异同。

表 1-1-7 主要岩浆岩及其特征

岩石特征 岩石名称	颜色	主要矿物成分	结构	构造	岩浆岩亚类及其他特征	备注
1. 花岗岩						
2. 似斑状花岗岩						
3. 流纹岩						
4. 辉长岩						
5. 气孔状玄武岩						
6. 辉绿岩						
7. 闪长岩						
8. 石英闪长玢岩						
9. 杏仁状安山岩						
10. 黑云母花岗闪长岩						
11. 伟晶岩						
12. 正长细晶岩						
13. 火山角砾岩						

实验五　主要沉积岩的认识

一、实验目的

(1) 认识沉积岩的主要结构、构造特征以及主要的物质组成。

(2) 学会描述沉积岩的方法。

(3) 掌握常见沉积岩的典型特征。

(4) 识别主要沉积岩的种类。

二、实验要求

(1) 课前预习有关沉积岩的内容，并在理论上与岩浆岩加以比较。
(2) 认真、仔细地观察沉积岩岩石标本，掌握沉积岩的主要鉴定特征。

三、实验内容

肉眼观察沉积岩的主要结构、构造和主要物质组成，认识主要的沉积岩。

(一) 沉积岩典型结构的认识

沉积岩的结构指沉积岩颗粒的性质、大小、形态及相互关系。主要有：

1. 碎屑结构 是由碎屑颗粒经胶结作用形成的结构。由碎屑颗粒和胶结物两部分组成。

(1) 按碎屑物颗粒的大小，碎屑结构还可细分为：
① 砾状结构：颗粒直径 > 2mm，如砾岩（彩图 7）。
② 砂状结构：颗粒直径为 2~0.05mm，如长石砂岩（彩图 8）。
③ 粉砂状结构：颗粒直径为 0.05~0.005mm，如粉砂岩。

(2) 按碎屑物颗粒的形状不同可分为：
① 棱角状（角砾状）结构：颗粒棱角尖锐，没有或极少有磨蚀痕迹。为角砾岩常见的结构。
② 次棱角状结构：颗粒经过短距离搬运，棱角稍有磨蚀。
③ 次圆状结构：颗粒已经过远距离搬运，尖锐的角和棱已被磨圆。
④ 滚圆状结构：颗粒经长时间搬运，所有的角和棱均被磨圆，接近球状，是砾岩常见的结构。

2. 泥质结构 由颗粒粒径 < 0.005mm 的细小粉土质点组成，外观是一种致密、均匀的泥质状态，是黏土岩所具有的结构。

3. 化学结构 由纯化学成因所形成的结构，其中有结晶粒状结构、隐晶质结构等，如结晶石灰岩、白云岩。

4. 生物结构 全部或大部分由生物遗体或其碎片组成的结构。

(二) 沉积岩典型构造的认识

沉积岩的构造是指沉积岩中各个组成部分的空间分布和排列方式，即沉积岩的整体外貌特征，主要有：

1. 层理构造 层理是沉积岩的成层性，它是岩石的颜色、矿物成分和结构沿垂直于层面方向变化而形成的一种层状构造。层理是沉积岩最具特征、最基本的构造。是沉积岩区别于岩浆岩和变质岩的最主要标志。

根据层理的形态可分为：

(1) 水平层理。层面平直,层与层之间互相平行,这种层理是在沉积环境比较稳定和平静的水体中形成的,多见于河流沉积的较平静的沉积环境中(如牛轭湖、河漫滩),也可见于深水湖海或沼泽等环境,如砂页岩中的水平层理(彩图9)。

(2) 斜层理。层理与主要层理面斜交,即有的层理面是倾斜的。斜层理的方向代表了当时水流的方向。多由粗粒物质组成,是河流沉积物的典型特征,常见于湖滨、海滨、三角洲中,砂岩和粉砂岩中尤其常见。

(3) 交错层理。由多组不同方向的斜层理相互交错切割而成(彩图10)。它是在水流运动方向频繁变化时形成的。

(4) 递变层理。同一层内碎屑颗粒粒径向上逐渐变细。它的形成常常是因沉积作用发生在运动的水介质中,其动力由强逐渐减弱。

(5) 块状层理。岩层自上层面到下层面物质均匀,没有物质的分异现象,故不显层理性,叫块状层理。它常是一种以沉积物的快速堆积为特征,由沉积物垂向加积作用形成的产物。砾岩、砂岩、粉砂岩甚至泥岩中都可出现块状层理。常见于浊流沉积物、洪积物和冰碛物中。

2. **层面构造** 沉积岩层面上保留的痕迹,反映岩石形成时的环境,并可指示岩层顺序。

(1) 波痕构造。在沉积物形成过程中,由于风力或波浪的振荡而在沉积物表面上留下的波浪起伏的痕迹,经过成岩作用而在岩层中保留下来,称为波痕构造(彩图11)。

(2) 泥裂(干裂)构造。泥质和粉砂质沉积物露出水面,因干燥失水,表面发生收缩和裂开,形成不规则的多角形裂缝称为泥裂。这些裂缝常被后来物质充填。

3. **结核构造** 沉积岩中某种成分的物质聚积而成的团块。常呈球形、椭球形、透镜状等。石灰岩中常见的燧石结核主要是 SiO_2 在沉积物沉积的同时以胶体凝聚方式形成的,部分燧石结核是在固结过程中由沉积物中的 SiO_2 自行聚积而形成的。

4. **刀砍状构造** 常在白云岩中出现,是白云岩的重要识别标志。在岩石表面,由于方解石较白云石易于溶解,在岩石中被方解石充填的细小裂缝,经差异风化,方解石被溶解掉,在风化面呈现的裂纹构造似刀砍状,称为刀砍状构造(彩图12)。

5. **缝合线** 其特征是在垂直层面的切面上有呈头盖骨接缝样子的锯齿状裂缝。规模较大的缝合线代表沉积作用的短暂停顿或间断,规模较小的缝合线是沉积物固结过程中在上覆沉积物的压力下,由富含 CO_2 的淤泥水沿层面循环时溶解两侧物质所致。缝合线最常见于碳酸盐岩中,也可出现于砂岩、硅质岩和盐岩中。

（三）碎屑岩胶结形式和胶结物的认识。

本实习主要观察砾岩、角砾岩、砂岩的胶结形式和胶结物。

砾岩和角砾岩通常以砂或泥质为其基质，胶结物可为泥质、铁质、钙质、硅质等。砂岩的碎屑颗粒主要为沙粒，含量＞50%，胶结物一般为泥质、钙质、铁质。

（四）常见沉积岩的肉眼观察

（1）陆源岩（即陆源碎屑岩）：砾岩、砂岩、粉砂岩、泥质岩。

（2）内源沉积岩——化学岩、生物化学岩：白云岩、泥灰岩、介壳石灰岩等。

（3）注意：

①沉积岩的颜色是沉积岩命名的依据之一。如黑色页岩、紫色砂岩等；沉积岩的颜色大多数是均匀的，也有呈均匀的斑状，要分别说明。

②观察碎屑岩类岩石时，要仔细观察碎屑颗粒大小和形状，要说明碎屑物质和胶结物质的成分。

四、作业

（1）观察表1-1-8中沉积岩标本的颜色、结构、构造和主要物质成分，并将岩性特征填入表中。

（2）如何区别石灰岩、白云岩、砂岩？

（3）与岩浆岩相比，在沉积岩标本中，所见沉积岩的典型特征是什么？举例说明。

表1-1-8 主要沉积岩及其特征

岩石名称 \ 岩石特征	颜色	主要物质成分	结构	构造	沉积岩亚类
1. 页岩					
2. 碳质页岩					
3. 高岭石黏土岩					
4. 长石砂岩					
5. 粗砂岩					
6. 砾岩					
7. 竹叶状石灰岩					
8. 刀砍状白云岩					
9. 泥灰岩					
10. 生物灰岩					

实验六　主要变质岩的认识

一、实验目的

（1）认识变质岩的主要结构、构造特征以及常见的变质矿物。
（2）学会描述变质岩的方法。
（3）掌握变质岩的典型特征，认识主要的变质岩。

二、实验要求

预习有关变质岩的内容，仔细观察变质岩的典型特征。

三、实验内容

肉眼观察变质岩的主要结构、构造和矿物成分，认识主要的变质岩。

（一）变质岩典型结构的认识

1. **变晶结构**　是原岩发生重结晶而形成的结构，其表现为矿物形成、长大而且晶粒相互紧密嵌合。包括隐晶变晶结构和显晶变晶结构、等粒变晶结构和斑状变晶结构等。如大理岩。

2. **变余结构**　变质程度较浅时残留的原岩的结构。如变余砂状结构、变余花岗结构等。

3. **碎裂结构**　局部岩石在定向压力作用下，引起矿物及岩石本身发生弯曲和破碎，之后又被黏结起来形成新的结构，如糜棱岩。

变质岩结构中粒度的划分一般以 1mm、3mm 为标准，颗粒粒径＞3mm 者为粗粒变晶结构，粒径 3～1mm 者为中粒变晶结构，粒径 1～0.1mm 者为细粒变晶结构，粒径＜0.1mm 者为显微变晶结构。

（二）变质岩典型构造的认识

1. **定向构造**　变质岩受定向压力作用后形成的构造，是变质岩的最大特点，称为广义的片理构造，这是大部分变质岩命名的根据。根据变质程度由浅入深表现为：

（1）板状构造。是变质岩变质最浅的一种构造，岩石外观呈平整的板状，沿板面方向容易劈开，具板状构造的岩石称为板岩（彩图 13）。

（2）千枚状构造。岩石呈薄片状，薄片上具丝绢光泽，系隐晶质片状或柱状矿物定向排列所致。断面呈参差不齐的皱纹状，具有这种构造的岩石称千枚岩。

(3) 片状构造（狭义片理构造）。变质岩中最典型的构造，是片岩所具有的一种构造。具有片状构造的岩石称为片岩（彩图14）。

(4) 片麻状构造。矿物结晶颗粒较大，同时粒状矿物较多，其中粒状矿物和片状或柱状矿物大致相间成带状平行排列，形成不同颜色、不同宽窄的断断续续的条带，沿平行面难劈开，劈开面不整齐，如花岗片麻岩等。

(5) 条带构造。岩石中成分、颜色或粒度不同的矿物分别集中，形成平行相间的条带。

2. 块状构造　变质岩也有块状构造，其定义与岩浆岩相同，都是指岩石中结晶的矿物无定向排列的性质，成致密块体，如石英岩、大理岩。

（三）肉眼综合观察典型的变质岩

板岩、千枚岩、片岩、片麻岩、大理岩、石英岩。

四、作业

(1) 观察表1-1-9中变质岩标本的颜色、结构、构造和主要矿物成分，并填表。

(2) 如何区别花岗岩与花岗片麻岩、硅质石英砂岩与石英岩？

表1-1-9　主要变质岩及其特征

岩石名称＼岩石特征	颜色	主要矿物成分	结构	构造	变质岩亚类
粉砂质千枚岩					
白云母石英片岩					
花岗片麻岩					
石英岩					
大理岩					

实验七　矿物及岩石的综合观察

一、实验目的

对矿物和三大类岩石的特征进行对比总结，以便巩固加深印象。

二、实验要求

（1）预习课堂讲授的有关矿物、岩石的内容。

（2）总结矿物及岩浆岩、沉积岩和变质岩的主要特征，并能区别矿物和岩石。

三、实验内容

总结矿物与三大岩类的特征。

（一）矿物的特征

矿物是天然形成的单质或化合物，具有相对固定的化学成分，绝大多数为晶质固态的无机物，稳定于一定的物理化学条件。矿物的化学成分和内部构造决定矿物的本质，并从一定的外部性状表现出来，即通过矿物的形态特征和物理性质表现出来。

矿物的形态包括矿物的单体形态、双晶和集合体形态。隐晶质及胶态矿物集合体形态常以其外貌为依据，如肾状赤铁矿、鲕状赤铁矿等；结晶质矿物集合体的形态以矿物单体形态为基础，其形态分别表现为针状、柱状、片状、板状、粒状集合体，即集合体形态为纤维状或放射状、板状或鳞片状、粒状，如菊花石、板状石膏等。

矿物的物理性质主要包括光学性质中的颜色、条痕、光泽、透明度等，力学性质中的解理与断口、硬度、相对密度等，以及其他一些物理性质如发光性、磁性、放射性等。

矿物可通过其形态和物理性质来鉴别。

（二）三大类岩石的主要特点

虽然三大类岩石具有不同的形成环境和条件，但他们仍有一些共同的特征。

第一，三大类岩石都是经过一定的地质作用后形成的固态物质，他们都是由矿物组成的集合体，并且都具有一定的颜色、结构、构造和变化规律；第二，岩浆岩、沉积岩、变质岩中都含有一些抗风化能力强的矿物，如石英、长石、白云母；第三，三大类岩石在一定条件下发生风化，都可能成为形成土壤的母质。

三大类岩石的形成环境和条件随着地质作用的发生而变化，它们可以相互转化，其主要区别见表 1-1-10。

表 1-1-10　三大类岩石特征比较表

特点	岩类	岩浆岩	沉积岩	变质岩
分布情况	按质量	岩浆岩和变质岩：95%	5%	
	按出露面积	岩浆岩和变质岩：25%	75%	
	最多的岩石	花岗石、玄武岩、安山岩、流纹岩	页岩、砂岩、石灰岩	片麻岩、片岩、千枚岩、大理岩等
产状		侵入岩：岩基、岩株、岩盘、岩床、岩墙等 喷出岩：熔岩被、熔岩	层状产出	多随原岩产状而定
结构		大部分为结晶的岩石：粒状、似斑状、斑状等，部分为隐晶质、玻璃质	碎屑结构：砾、砂、粉砂质结构，以及泥质结构、化学结构（微小的或明显的结晶粒状、鲕状、致密状）	重结晶岩石：粒状、斑状、鳞片状等各种变晶结构
构造		侵入岩多为块状构造 喷出岩常具气孔、杏仁、流纹等构造	各种层理构造：水平层理、斜层理、交错层理，常含生物化石	大部分具片理构造：片麻状、条带状、片状、千枚状、板状，部分为块状构造
矿物成分		石英、长石、橄榄石、辉石、角闪石、云母等	除石英、长石云母外，富含黏土矿物、方解石、白云石、有机质等	除石英、长石、云母外，常含变质矿物，如石榴子石、滑石、红柱石、硅灰石、透闪石、十字石等
形成作用		岩浆作用	外力地质作用	变质作用
岩石分类		按 SiO_2 含量分类 (1) 超基性岩 SiO_2 <45% (2) 基性岩 SiO_2：45%~52% (3) 中性岩 SiO_2：52%~65% (4) 酸性岩 SiO_2 >65%	按岩石的物质来源分类 (1) 外源沉积岩 (2) 内源沉积岩（化学岩及生物化学岩）	按变质作用类型分类 (1) 接触变质岩 (2) 区域变质岩 (3) 混合岩化变质岩 (4) 动力变质岩

四、作业

(1) 举例说明岩石与矿物的区别,实际中如何区别矿物和岩石?

(2) 从理论上比较三大类岩石的相同点与不同点。

(3) 酸性、中性、基性岩浆岩的矿物成分有何不同?

(4) 试从深成岩、浅成岩、喷出岩的不同结构、构造,说明为什么岩浆岩的结构、构造特征是其生成环境的综合反映?

(5) 如何区别解理、层理和片理?

矿物、岩石的显微鉴定

实验八　偏光显微镜下常见矿物、岩石的鉴定

一、实习目的

(1) 认识偏光显微镜的基本结构和常见岩石的薄片特征。
(2) 通过观察岩石的微观特点掌握主要岩石的岩性特征。

二、偏光显微镜及其镜下的主要晶体光学性质

根据光波振动的特点，可把光分为自然光和偏光。

自然光是指直接由光源发出的光，如太阳光、灯光等，自然光的光波振动方向在垂直于光波传播方向的平面内，作任何方向等振幅的振动。

偏光是指自然光经过反射、折射、双折射或选择性吸收等作用后，可以转变为只在一个方向上振动的光波，也称偏振光，见图1-2-1。

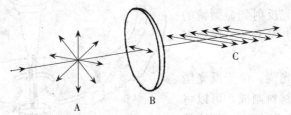

图1-2-1　通过偏光片的自然光

偏光显微镜是用以鉴定矿物和岩石的最基本的工具，熟悉偏光显微镜的构造和熟练掌握偏光显微镜的使用方法，是地质工作者和土壤微形态工作者所必须掌握的基本技能。偏光显微镜与生物显微镜外表极其相似，但它们的基本原理和内部构造有很大的不同。生物显微镜使用的是自然光，而偏光显微镜使用的是偏振光。因此偏光显微镜具有一般显微镜所不具有的偏光系统——在构造上主要装备有两个偏光镜，下偏光镜和上偏光镜。在有些文献中，下偏光镜又称起偏器，上偏光镜又称分析镜，将自然光转化为偏光，主要就是依靠这两个偏光镜。另外，偏光显微镜还配有锥光镜、勃氏镜、补色器等配合偏光使用的特殊附件。偏光处理最早是使用天然矿物——冰洲石，后来又使用偏光玻璃。

偏光玻璃又可以分为两种类型：一种叫做微晶型，用赫拉柏斯石制造，它是一种高分子化合物，主要成分为过碘硫酸奎宁，是一种斜方晶系的板状结晶，晶体细小，将晶体放于硝酸纤维上，利用电性特点使其按 c 轴排列；另一种叫做分子型，用聚乙烯醇塑胶膜制造，它的分子结构成刷状，制造时使其垂直定向排列。目前世界上用偏光玻璃较多，因为它加工制作容易，可以大批生产。但比起冰洲石来，它们具有怕热、怕潮、怕震动等缺点。

（一）偏光显微镜的构造

虽然偏光显微镜的型号很多，但其基本构造相似。图 1-2-2 为偏光显微镜的基本构造略图。下面以南京江南光学仪器厂生产的 XPT-6 型低级偏光显微镜为例介绍（图 1-2-3）：

（1）镜座（脚）。支持显微镜的全部重量，外形为直立柱的马蹄形。

（2）镜臂。其下端与镜轴、镜座相连，呈弯背形。可以向后倾斜，但不能过度，以防镜子翻倒。

（3）反光镜。为平、凹两面的小圆镜，可以任意转动，以便对准光源，把光反射到显微镜的光学系统中，并可调节至操作者所需要的亮度。

（4）下偏光镜。位于反光镜之上，由偏光材料制成，可以将自然光转变成振动面固定的偏光。

（5）锁光圈。在下偏光镜之上，可以自由开合，用以控制光的透过量。

（6）聚光镜。在锁光圈之上，由一组透镜组成，可将平行偏光变为锥形偏光，不用时可以向一旁推出。

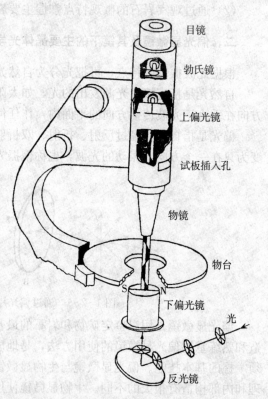

图 1-2-2　偏光显微镜的基本构造略图

（7）载物台。为一可转动的圆形平台，边缘有刻度（360°），并附有游标尺，可直接读出转动角度。中央有圆孔，是光线的通道。圆孔旁有一对弹簧

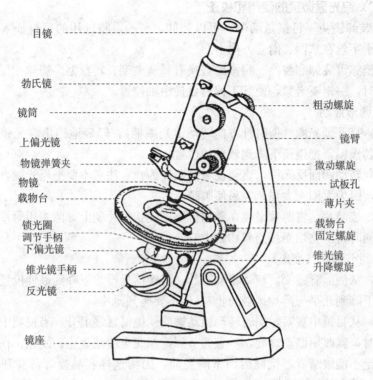

图 1-2-3　江南光学仪器厂 XPT-6 型低级偏光显微镜

夹，用以夹持薄片。载物台外缘有固定螺旋，用以固定载物台。

(8) 镜筒。为长的圆筒，联结在镜臂上，转动粗动及微动螺旋，可使镜筒上升和下降，用以调节焦距。

(9) 物镜。是决定显微镜成像性能的重要因素，由 1～5 组复式透镜组成，一般有低倍（4×）、中倍（10×、25×）、高倍（40×、63×）物镜及油浸镜头（100×）。

(10) 目镜。一般有 5×、10× 两个目镜，其中附有十字丝及分度尺、方格网等。

(11) 上偏光镜。结构与下偏光镜相同，但其振动面方向与下偏光镜振动方向垂直，可自由推入或拉出。

(12) 勃氏镜。位于目镜与上偏光镜之间，是一个小的凸透镜，可以推入或拉出。

(13) 附件盒。装有测定颗粒大小及矿物百分含量的物台微尺、目镜微尺、机械台。测定消光角等光性常数的石膏试板、云母试板、石英楔子等。

（二）偏光显微镜的使用和校正

1. 装卸镜头 目镜是活的，可以装卸、替换。将选用的目镜插入镜筒上端，使十字丝在东西、南北方向上。

物镜亦可装卸和替换。物镜的替换有弹簧夹型、转盘型、螺丝扣型等，安装物镜时，一定要卡紧，使其不偏离目镜中轴位置。

2. 调节照明

（1）打开锁光圈（逆时针方向转动锁光圈柄），轻轻地推出聚光镜、上偏光镜和勃氏镜，把镜筒下降到较低的位置。

（2）转动凹面反光镜，直至视域最明亮为止。注意不要把反光镜直接对准太阳光，因为太阳光太强，容易使眼睛疲劳。

（3）装薄片。将薄片平放在载物台上，使盖玻片朝上，两头用薄片固定夹夹住，同时将矿物切面移到载物台中心。

3. 调节焦距（准焦）

（1）从侧面看镜头，转动粗动螺旋，将镜筒慢慢地下降到最低位置（高倍物镜需下降到几乎与薄片接触为止），但不要碰到薄片。

（2）从目镜中观察，同时转动粗动螺旋使镜筒缓缓上升，当视域中出现模糊现象时，就改用微动螺旋，一直调节到物像完全清楚为止。注意：在调节焦距时，绝不能眼睛看着镜筒内而下降镜筒，因为这样容易撞碎薄片和损坏镜头。在调节高倍物镜焦距时，尤应注意。

4. 中心校正 校正中心的目的，是使物镜的焦点与载物台旋转中心重合。校正原理是使视域内任一物点都绕十字丝中心做圆周运动。其步骤是：在视域内寻找任一明显之小物点，并把它移到十字丝中心。旋转载物台一周，找出物像旋转的中心位置。若中心不正，则物点亦做圆周运动。此时，用附件盒内的两个校正螺丝帽，插紧物镜座上的校正螺丝，两手同时徐徐地以各自合适的方向旋转，并不断地往复转动载物台，观察此小物点运动轨迹的变化，直到此小物点调整十字丝中心时不再离开十字丝中心为止。

5. 偏光镜的校正 偏光显微镜的上、下偏光镜的振动方向应正交，下偏光镜的振动方向 PP 应平行东西方向，上偏光镜的振动方向 AA 应平行南北方向，即分别与目镜十字丝平行，否则必须加以校正。其方法是：在单偏光镜下把黑云母薄片移至视域中心，转动载物台，当黑云母颜色最深时解理缝的方向即为下偏光镜的振动方向。如果该方向既不是东西向又不是南北向，则转动下偏光镜，使黑云母解理缝指向东西方向（即平行东西十字丝）时最黑，表明下偏光镜的振动方向已经调好。然后推入上偏光镜，若视域呈现黑暗，说明上、下偏光镜振动方向正交，否则转动上偏光镜的偏振片，直至视域变得最黑为止，这时上、下偏光镜振动方向已经正交。

（三）岩石薄片磨制方法简介

在偏光显微镜下研究和鉴定岩石或透明矿物时，需要将其磨制成薄片才能进行观察。磨制薄片分五个步骤进行，即：①切；②磨；③粘；④磨；⑤盖。首先用切片机将透明矿物或岩石切成一小块，用金刚砂将小块的一面磨平，将平面用树胶与载玻片（长 55mm、宽 25mm、厚 1mm）黏结，然后再磨另一面，一直磨到厚 0.03mm 为止，最后将平面与盖玻片（20mm×20mm，厚 0.1~0.2mm）黏结（图 1-2-4）。这样，由载玻片、矿片和盖玻片就组成可供偏光显微镜研究和鉴定的薄片了。树胶的折射率为 1.54。

图 1-2-4　岩石薄片纵切面

（四）偏光显微镜下的主要晶体光学性质

1. 单偏光镜下的主要晶体光学性质　上偏光镜、锥光镜、勃氏镜三者皆可推出推入。三者推出，为单偏光系统。单偏光镜的装置是指只用一个下偏光镜（图 1-2-5）。利用这种装置可以研究矿物的外表特征，如形态、解理；矿物对光波吸收强弱的性质，如颜色、多色性等；以及与矿物折射率相对大小有关的光学性质，如突起、糙面、边缘、贝克线等。

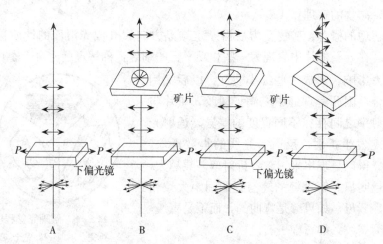

图 1-2-5　单偏光镜的装置及光波通过下偏光镜及矿片的情况

(1) 矿物的形态。矿物晶体的形态取决于它的晶体结构和生成条件。每种矿物都按其结晶习性生长，并形成固有的形态，因而形态就成为鉴定矿物的一种特征。常见的矿物形态有粒状、板状、片状、鳞片状、柱状、针状、纤维状、放射状等。

但是，薄片中矿物的形态并不是完整的，也不是立体的，而是某一方向的切面。同一晶体由于切片方向的不同，可以呈现出不同的形态（图1-2-6）。

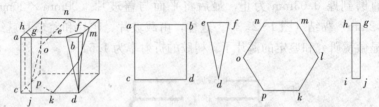

图1-2-6　矿物晶体与切片方位的关系

因此当鉴定一种矿物时，必须综合观察各方向切面的形态，才能正确得出该矿物的形态特征。另外，矿物形态还与它形成的空间、结晶顺序有关。早形成的为自形，矿物边界全为晶面，切面呈边界平直的多边形；晚形成的为他形，矿物边界无完整晶面，切面形态为不规则的粒状；介于两者之间的为半自形，矿物边界部分为晶面，切面形态部分边界平直，另一部分边界呈不规则状（图1-2-7）。

图1-2-7　矿物的自形程度
A. 自形　B. 半自形　C. 他形

(2) 矿物的解理：

①解理的概念：矿物受力后沿一定结晶方向裂开成光滑面的性质称为解理。解理在岩石薄片中表现为一些相互平行的细缝，称解理缝。由于磨片过程中受张力影响，形成一些细小裂开，以后又用树胶黏合，因此解理缝中充满了树胶，矿片与树胶折射率之间存在不同程度的差异，透射光在界面上发生折射、反射等光线的集散现象，使解理缝得以显现出来。二者折射率差异越大，解理缝越明显。解理缝的缝与缝的间距大致相等，如黑云母。如果缝是弯曲的，而不是直线，则应称为裂纹，如石榴子石。

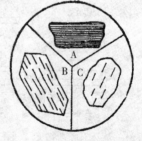

图1-2-8　解理完善程度
A. 极完全解理　B. 完全解理
C. 不完全解理

②解理的等级：在镜下解理的等级按其完

善程度可分为三级：

a. 极完全解理：解理缝细、密、长，贯穿整个晶体。如云母的解理（图1-2-8A）。

b. 完全解理：解理缝清楚、稀疏，但不完全连贯。如辉石、角闪石的柱面解理（图1-2-8B）。

c. 不完全解理：解理缝断断续续，解理缝不平直，解理缝之间间距较宽。如磷灰石的解理（图1-2-8C）。

③解理的可见性：薄片中矿物解理的可见性与解理的完善程度并不都是一致的，解理的可见性主要受切片方向、矿物和树胶折射率的差值两个因素的影响。

同一矿物不同方向的切片所显现的解理的组数、解理缝的宽窄、清晰程度和完善程度都不相同。如角闪石类矿物，虽具两组解理，但在矿片中，有些切面只见一组解理缝，有些切面上看不见解理缝，只有垂直于 c 轴或近于垂直于 c 轴的切面才可见到两组解理缝。又如黑云母当切片垂直于解理面方向时，薄片中矿物的解理缝最细最清楚；当切片平行于解理面时则看不见解理缝。

解理的可见临界角与矿物和树胶折射率之间的差值有关，差值愈大，解理可见临界角也愈大，差值愈小，解理可见临界角愈小。对于折射率大于树胶的矿物，有如下的近似解理可见临界角：

十字石，绿帘石等：$N>1.70$ α 达 $40°$（N 为矿物的折射率，α 为解理可见临界角）；

黑云母、红柱石、角闪石、辉石、贵橄榄石等：$N=1.60\sim1.70$，α 约为 $25°\sim35°$；

中基性斜长石、方柱石等：$N=1.55\sim1.60$，α 约为 $15°\sim25°$；

对于折射率小于树胶的矿物有类似的情况，如：

钾长石：$N=1.51\sim1.53$，α 约为 $15°$；

萤石：$N=1.434$，α 约为 $25°$。

由此可见，不同的矿物由于折射率不同，造成解理缝可见临界角大小不同，导致在矿片中能见到解理缝的机会也就不一样。例如辉石类和长石类矿物都具有两组解理，由于辉石类矿物的解理缝可见临界角大于长石类矿物的解理缝可见临界角，因此，在岩石薄片中辉石类矿物见到解理缝较多，而长石类矿物见到的解理缝较少。

综上所述，在薄片中观察矿物的解理时，必须考虑多方面的因素，并且要多观察一些矿物颗粒，根据不同方向上解理的表现情况进行综合分析，才能正确地判断解理的有无、组数以及完善程度，作出可信的结论。

解理角的测定（以普通角闪石为例）：①选取垂直于两组解理的合适切面——

此时两组解理近于垂直相交，两组解理缝都很细且很清晰，移至十字丝中心。②转动载物台，使某一解理缝平行（或重合）于目镜的南北纵丝，并记下载物台上的读数值。③再转动载物台（方向不论），使另一组解理缝平行（或重合）于目镜的南北纵丝，记下载物台上的读数值。④两次读数值相减，即可得该矿物切面的解理角值。对同一个颗粒，进行几次解理角的测量，取其平均值作为此矿物颗粒的解理角值。⑤同种矿物中，多寻找一些合适的颗粒，测其解理角，求各颗粒解理角之平均值，作为该矿物的解理角值。

（3）薄片中矿物的颜色、多色性、吸收性。矿物在薄片中呈现的颜色与手标本上的颜色不同，前者是矿物薄片在透射光下所呈现的颜色，后者是矿物在反射光、散射光下所呈现的颜色。由于制备的薄片厚度只有 0.03mm，因此晶体的切片颜色总比标本颜色浅，如橄榄石的标本为橄榄绿色，在镜下为无色透明。有些标本看起来似乎不透明的矿物，如辉石、角闪石等，在镜下亦为透明矿物。矿物的颜色主要是由于矿物对各种颜色光波的不同吸收所表现出的互补色。

均质矿物因各方向上的光学性质相同，不具多色性和吸收性。有多色性的矿物都是非均质体。非均质矿物由于光线入射后能分解成两束振动方向相互垂直的偏光。光在晶体中各振动方向上折射率不同，相应地在晶体不同方位上出现不同的颜色和颜色浓度的变化。因此，在单偏光镜下转动载物台时，矿物颜色发生变化的现象，称为多色性。非均质矿物的多色性与主折射率有关。一轴晶矿物具有对应于 Ne 和 No 振动方向的两种颜色，二轴晶矿物具有对应于 Ng、Nm 和 Np 振动方向的三种颜色。同时，不同的振动方向，光被吸收的程度也不同，强烈吸收时，矿物即好像不透明，吸收弱时，矿物就呈现透明，矿物的颜色因之表现出浓淡的变化，矿物的这种性质称为吸收性。这里说到的一轴晶是指中级晶族矿物，这类矿物只有一个光轴，即光波只有一个沿 c 轴入射的特殊方向，不发生双折射。两个互相垂直的光学主轴即 Ne 和 No 轴，其长度代表主折射率的大小，一个是垂直 c 轴振动的光波，其折射率为不变化的常数，这个常数叫常光（o 光），其折射率用 No 表示，另一个是平行 c 轴振动的光波，叫非常光（e 光），其折射率用 Ne 表示。二轴晶是指低级晶族矿物，均有两个光轴，这类矿物晶体的 3 个结晶轴单位不相等。3 个互相垂直的光率体轴代表二轴晶矿物的 3 个光学主轴，即 Ng 轴、Nm 轴、Np 轴，他们的长度分别代表大、中、小 3 个主折射率。

矿物的多色性和吸收性在不同的切片方位上有不同的表现。在一轴晶平行于光轴面的切面或二轴晶平行于光轴面的切面上，矿物的多色性和吸收性最明显（一轴晶为 No—Ne 面，二轴晶为 Ng—Np 面）。而在它们垂直于光轴面的切面上，矿物不具有多色性和吸收性（No—No、Nm—Nm），在其他斜交于光轴面的切面上，它们表现出中间变化。矿物的多色性和吸收性并不是十分固定的（基本固定），主要与矿物的化学成分及形成条件有关。特别是在硅酸盐矿物中有广泛的类质同象，影响矿物光学性质的因素是多方面的。例如矿物中 OH^- 的出现会影响铁的呈色作用，黑云母、普通角闪石都含铁，但黑云母和普通角闪石由于含有 OH^-，就呈现较清楚的颜色，而普通辉石不含 OH^-，基本上无色。黑云母在喷出岩中的斑点一般呈褐色，而侵入岩中特别是结晶片岩中的黑云母往往带绿色。普通角闪石在薄片中亦可见到褐色和绿色两种主要颜色，这与它所含的 Fe^{2+} 和 Fe^{3+} 的相对含量有关，Fe^{2+} 转化为 Fe^{3+} 时角闪石的颜色即由绿色改变为褐色。由于颜色的改变，其多色性和吸收性也会发生改变。

（4）薄片中矿物的轮廓（边缘）、糙面、突起、贝克线。每种矿物都有其固定的折射率。由于矿物与矿物、矿物与树胶折射率不同，便产生了轮廓、糙面、突起、贝克线诸现象。两介质之间处产生的黑暗的边缘称为轮廓，即围绕矿物所形成的黑线带，它可以简单地认为是光线在通过不同介质时发生折射和反射造成的。糙面是矿物表面对人的视觉产生的一种现象，即在镜下反映到人眼中的矿物表面粗糙情况的视力感觉。这是由于树胶覆盖在高低不平的矿物表面，光线通过它们时发生了折射，使光线产生了不均匀分布，呈现出粗糙感。突起是指镜下所产生的矿物或高或低的视觉，有些矿物看起来凹下去，而有些矿物却凸起来，形成视觉上的高低不平。记住以下规律：矿物的折射率与树胶的折射率相差愈大，则矿物的轮廓、糙面、突起愈显著。因此，根据矿物的轮廓、糙面和突起的程度，可以粗略地估计矿物的折射率。我们通常把突起分为六个等级，见表 1-2-1、图 1-2-9。突起的正负是以矿物的折射率大于还是小于树胶的折射率来划分的。矿物是正突起还是负突起，即矿物的折射率大于树胶还是小于树胶，这就需要观察矿物的另一种光学现象——贝克线。

表 1-2-1 突起等级表

突起等级	折射率	边缘、糙面及贝克线移动	实　例
负高突起	<1.48	糙面及边缘显著，提高镜筒，贝克线向树胶移动	萤石、蛋白石
负低突起	1.48～1.54	表面光滑，边缘不明显，提升镜筒，贝克线向树胶移动	正长石、微斜长石
正低突起	1.54～1.60	边缘很不清楚，表面光滑，提高镜筒，贝克线向矿物移动	石英、中长石、绿柱石
正中突起	1.60～1.66	边缘清楚，略有糙面，提高镜筒，贝克线向矿物移动	透闪石、磷灰石、电气石
正高突起	1.66～1.78	边缘明显，糙面显著，提升镜筒，贝克线向矿物移动	橄榄石、辉石、尖晶石
正极高突起	>1.78	边缘很宽，糙面很明显，提高镜筒，贝克线向矿物移动	锆石、榍石、石榴子石

| 负高突起 | 负低突起 | 正低突起 | 正中突起 | 正高突起 | 正极高突起 |
| （萤石） | （正长石） | （石英） | （磷灰石） | （辉石） | （锆石） |

图 1-2-9 突起等级示意图

首先找到矿物与树胶接界之处，将光圈缩小，使入射光减少发散，视域照明变暗，在介质邻接处会出现一条较明亮的光带，此即贝克线。贝克线的移动规律是：徐徐转动粗动螺旋（低倍镜时）或微动螺旋（高倍镜时），使镜筒上移，如果贝克线向矿物移动，表示矿物的折射率大于树胶，正突起。如果相反，则表示矿物的折射率小于树胶，负突起。在集合体中，矿物与矿物的折射率亦可相互比较。如果其中一矿物的折射率已知，另一矿物的折射率则不难估计。

边缘和贝克线的产生原因主要是由于相邻两物质折射率不等，光线通过两者的接触界面时发生折射、全反射作用引起的。根据折射定律可知：

①光线由光疏介质射入光密介质，产生折射，折射角小于入射角，折射线靠近法线。

②光线由光密介质射入光疏介质，产生折射，折射角大于入射角，折射线远离法线。

③光线由光密介质射入光疏介质，如果入射角增至一定角度，使折射角等于90°，这个入射角称为临界角，大于临界角发生全反射。见图 1-2-10。

以上三点结论，对解释单偏光镜下矿物的边缘、糙面、突起、贝克线等的成因都是非常重要的。

2. 正交偏光镜下的主要晶体光学性质

(1) 正交偏光镜的装置和特点。在下偏光镜的基础上，推入上偏光镜，且从上、下偏光镜透出的偏光的振动方向互相垂直，并分别平行于目镜十字丝的方向（图 1-2-11）。PP 代表下偏光镜的振动方向，AA 代表上偏光镜的振动方向。

在正交偏光镜装置下，可以观察矿物晶体的消光、消光位和消光类型，测定消光角的大小，观察矿物的干涉色并测定干涉色的级序，观察双晶等。

(2) 消光和消光类型。透明矿物薄片，在正交偏光镜下呈黑暗的现象，称为消光；消光时的位置，称消光位。

①矿物的三种消光现象：

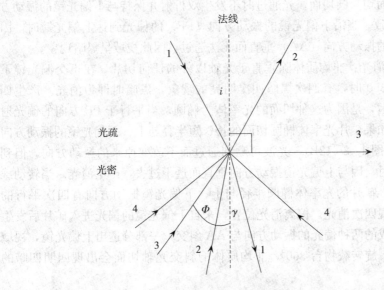

图1-2-10 全反射和临界角

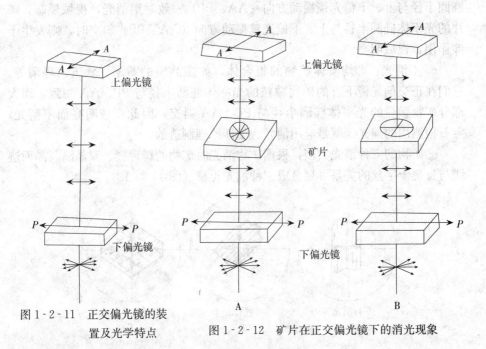

图1-2-11 正交偏光镜的装置及光学特点

图1-2-12 矿片在正交偏光镜下的消光现象

a. 全消光：均质体和非均质体垂直于光轴的切片，在正交偏光镜下，旋转载物台360°，视域始终保持黑暗的这种现象称为全消光。因为这两种矿物的光率体切面均为圆切面，光通过时不发生双折射并保持与下偏光镜的振动方向（PP）一致。当沿下偏光镜的振动方向（PP）的偏光到达上偏光镜时，因与上偏光镜的振动方向（AA）垂直而无法通过，因此视域呈黑暗现象。

b. 四次消光：非均质体除垂直于光轴以外的任何切片，在正交偏光镜下旋转载物台360°时，有四次黑暗四次明亮的现象，黑暗时即为消光。产生四次消光的原因，是因为这种切面的光率体为椭圆，当平行于PP方向的偏光射入矿片时，如果矿片光率体椭圆切面的长、短半径与上、下偏光镜的振动方向PP一致时（图1-2-12B），光波可顺利通过而不改变原来的振动方向，但到达上偏光镜时，因与上偏光镜振动方向垂直而透不过去，产生消光。当转动载物台360°时，矿片的光率体椭圆半径与上、下偏光镜振动方向有四次平行的机会，故出现四次消光。偏离消光位置，来自下偏光镜的偏光进入矿片后发生双折射所形成的两种偏光的振动方向与AA斜交，一部分透出上偏光镜，视域变亮。因此，旋转载物台360°，非均质体的斜交光轴切面会出现四明四暗的现象。

综上所述可知，正交偏光镜下矿物的消光与干涉原理，是指矿片的光率体椭圆半径与上、下偏光镜振动方向（AA、PP）一致时则消光，视域黑暗，矿片的光率体椭圆半径与上、下偏光镜振动方向（AA、PP）斜交时，则发生干涉作用，视域明亮。

c. 不消光：非均质体矿物的集合体，如多晶质的翡翠、软玉、玛瑙等。它们在正交偏光镜下有的矿物颗粒的光率体椭圆半径与PP、AA一致，而大部分矿物颗粒的光率体椭圆半径与PP、AA斜交，因此视域明亮而不消光。宝石检测用的偏光仪就是应用消光、干涉原理制造的。

②矿物的三种消光类型：根据矿物消光时矿物的解理缝、双晶缝及晶面迹线与目镜十字丝的关系可划分成三种消光类型（图1-2-13）：

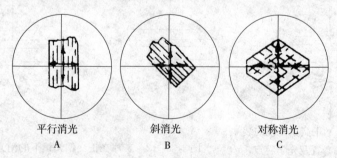

平行消光　　　斜消光　　　对称消光
　A　　　　　　B　　　　　　C

图1-2-13　消光类型

a. 平行消光：矿物消光时，解理缝、双晶缝或晶面迹线与目镜十字丝之一平行。

b. 斜消光：矿片消光时解理缝、双晶缝或晶面迹线与目镜十字丝斜交。晶体在消光位时，光率体椭圆半径与解理缝、双晶缝或晶面迹线之间的夹角称消光角。

c. 对称消光：矿片消光时，目镜十字丝平行两组解理缝或两条晶面迹线夹角的平分线。

矿物消光类型与矿物的光性方位及切面方向有密切关系，不同晶系的矿物、不同方向切面具有不同的消光类型。

(3) 干涉色和双折射率（双折率）：

①光波的相干性：波长相同、相差恒定、传播方向相近的两束或两束以上的光在同一介质中相遇时，在重叠区相互作用产生相长增强或相消减弱的明暗相间干涉条纹的现象，称为光的干涉作用。产生干涉作用的光波称为相干波。

振动方向一致、频率相同的两束相干波（光波1与光波2）相遇，光波1的波峰、波谷与光波2的波峰、波谷同方向重叠，两束光发生干涉，其结果是产生的干涉波具有双倍的振幅，该过程称相长增强，光的亮度因而加强；当光波1的波谷、波峰与光波2的波峰、波谷重叠时，则其振幅减弱或抵消（图1-2-14）。

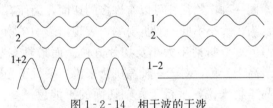

图1-2-14　相干波的干涉
左图光波1与2相长增强　　右图光波1与2反向抵消

②干涉色和双折射率：矿物的双折射率等于最大折射率与最小折射率之差[一轴晶Ne—No（+）、No—Ne（-）、二轴晶Ng—Np]，矿物的双折射率大小的表现之一，就是矿物的干涉色。正交偏光镜间矿物干涉色的产生是由于白光通过矿物切片时产生双折射，二偏振光波由于传播速度不同（前已述及，折射率大的速度慢，折射率小的速度快），一为快光，一为慢光，在相同的时间里，它们走过的路程不同，因而产生了光程差。

光程差是快光（Np）和慢光（Ng）通过晶体过程中发生双折射产生的，并在它们到达上偏光镜时保持不变，因为它们在空气中传播速度相等。光程差（R）等于矿片厚度（d）乘以双折率（Ng—Np），即$R=d(Ng-Np)$。光程差与矿片厚度和双折射率成正比，而双折射率又与矿物性质及切面方向有关。

因此，影响光程差大小的因素有：矿物性质、切面方向和矿片厚度，这三个因素必须综合考虑。特别应当注意，同一种矿物不同方向切面的双折射率值不同，平行于光轴或平行于光轴面的切面，双折射率最大，垂直于光轴切面的双折射率为零；其他方向切面的双折射率介于零与最大双折率之间，不同矿物的最大双折射率不同。

此外，矿片干涉结果的明亮程度还与透出偏光镜的两种偏光 K'_1、K'_2 的振幅大小有关，振幅愈大，亮度愈强。当矿物上光率体椭圆半径与 AA、PP 成 45°夹角时，K'_1、K'_2 振幅最大，矿片最明亮，这时的矿片位置称 45°位置。

由于光程差的存在，通过上偏光镜的两光波在同一平面内振动并相互干涉从而产生了干涉色。正交镜下，45°位置时干涉色最亮。矿物干涉色的高低取决于双折射率的大小和薄片的厚薄，在公式 $R=d(Ng-Np)$ 中，R 为光程差，由于不同的光程差有不同的干涉色，R 的变化可以看作是干涉色变化。从式中可以看出，如果厚度相同，双折射率愈大，光程差愈大。如果双折射率相同，切片厚度愈大，光程差愈大。随着光程差 R 由小到大连续变化，干涉色也发生有规律的连续变化，这就是干涉色级序。所以，当我们把矿片做成一定厚度时（0.03mm），我们可以根据矿物干涉色的级序来判断矿物双折射率的高低，用以鉴别不同矿物。而矿物的双折射率还取决于矿物的切片方位。在通常的岩石薄片中，同一种矿物往往可以有许多切面，因而有各式各样的干涉色。所以也有人认为，大小不同的双折射率，表现出影响矿物干涉色级序的因素有三个：矿片厚度，双折射率大小及切片方位。而最具有鉴定意义的干涉色，是矿物上的最高干涉色。对于一轴晶矿物来说，平行于光轴切面的干涉色最高；对于二轴晶矿物来说，平行于光轴切面的干涉色最高。干涉色由低到高，产生连续有规律的变化。

若用白光为光源时，在正交偏光镜间 45°位置缓慢地插入石英楔，随着厚度的增加，其光程差由零开始连续地增大，视域中将依次出现有规律而且连续的干涉色：暗灰—灰白—浅黄—橙—紫红，然后为蓝—绿—黄—橙—紫红的变化，从而构成了干涉色的级序。干涉色向 R 增大的方向变化，称为级序升高，反之为级序降低。矿物的干涉色可划分为 4～5 个级序。

第一级主要干涉色为：暗灰—灰白—浅黄—橙—紫红。其光程差在 0～550nm 之间，主要特点是无蓝、绿干涉色，而出现特有的灰色、灰白色干涉色。

第二级序主要干涉色为：蓝—蓝绿—绿—黄—橙—紫红。其光程差在 550～1 100nm 之间。干涉色的特点是：蓝、绿、黄、橙、紫红等鲜颜色，色浓而纯，色带间界线较清楚，尤其是二级蓝最清晰。

第三级序主要干涉色为：蓝—绿—黄—橙—红。光程差在1 100～1 650 nm之间。若将第三级序与第二级序的干涉色作比较，则它们在颜色的出现顺序上是一致的，但第三级序较第二级序干涉色浅，干涉色条带之间的界线不如第二级序清楚。其中三级绿最鲜。

以上各级干涉色末端均出现紫红色或红色，此色给人目力的感觉很灵敏，易于感觉到，称灵视色。

第四级序主要干涉色为：粉红—浅绿—浅橙。光程差在1 650～2 200 nm之间。干涉色的颜色更浅，颜色混杂不纯，干涉色条带间的界线更模糊。当光程差增大到2 200 nm以上，相当于第五级以上干涉色时，光程差几乎同时接近于各单色光波半波长的偶数倍，也接近半波长奇数倍，各单色光都有不同程度的明亮出现。各色混杂，形成一种与珍珠表面颜色相近的亮白色，称为高级白干涉色。

矿物干涉色级别的确定，最常用的方法为边缘色带法：找到矿物带斜坡的边缘，观察从最外沿向矿物中间有几条红带分布。红带的数目加一，便是矿物所呈现的颜色的级别。例如一矿物呈现黄色，其边缘有三条红带，该矿物的干涉色便是四级黄，这是因为干涉色谱中每一级顶部色谱都以红为结束，有红带存在就说明红带以上的干涉色要高于红带所在的级别一级，所以以边缘红带数加一作为矿物的干涉色级别。但要注意：a. 当矿物中心部分呈现红色时，不能再加一。b. 比较靠近矿物边缘的地方如出现深蓝色色带，是一级红和二级蓝的混合带，也高于红带数目。c. 矿物由于高低不平，其颗粒之上有斑点状红圈，不能算作红带数目。矿物干涉色可通过石英楔子的插入和抽出来鉴定。

由以上叙述可知，矿物的干涉色与矿物的颜色是性质不同的两码事，不可将两者混淆。

(4) 双晶。矿物的双晶在正交偏光镜间表现很清楚，组成双晶的单体消光一般不一致，各表现为不同亮度的干涉色，从而能清楚地观察到双晶构造。有些矿物根据特有的双晶不难识别，特别是长石类的矿物。例如微斜长石具有一种特别的方格状双晶，正长石具有卡式双晶，斜长石具有聚片双晶等。

(五) 偏光显微镜下常见矿物、岩石的鉴定

1. 常见矿物的光学特征

(1) 橄榄石类矿物。橄榄石类矿物是二价元素为阳离子构成的正硅酸盐，具有典型的孤立硅氧四面体结构，硅氧四面体之间主要由二价阳离子联系起来，一般无Al代替Si的现象。橄榄石的化学通式为$R_2[SiO_4]$，其中R为二价阳离子Mg^{2+}、Fe^{2+}、Mn^{2+}、Ca^{2+}、Zn^{2+}，构成三个类质同象系列。自然界分布最广泛的是镁橄榄石—铁橄榄石系列，可形成完全的类质同象系列。

薄片中富镁的橄榄石为无色透明，富铁的变种呈淡黄色；橄榄石类一般呈等轴的自形、半自形；为正高突起至正极高突起，具有明显的糙面；多数情况下见不到解理；双折率变化于 0.33～0.52 之间，干涉色高达二级至三级；平行消光。

（2）辉石类矿物。辉石类矿物是自然界分布最广、最主要的造岩矿物之一。在薄片中多数为无色或带浅绿、浅褐色调。晶形多呈宽板状或柱状，横断面常为八边形或四边形；具有两组解理，解理夹角为 87°和 93°；具正高突起；干涉色有一级橙黄色（顽火辉石）、二级蓝（透辉石）。

（3）角闪石类矿物。角闪石是自然界分布最广的造岩矿物之一，是岩浆岩和变质岩的主要造物矿物。角闪石类矿物的化学成分复杂，类质同象替换普遍，种属很多，分为几个亚类，如钙闪石亚类：包括透闪石、普通角闪石、阳起石等；碱性闪石亚类：包括蓝闪石等。

绝大多数角闪石晶体常沿 c 轴延伸而成长柱状、针状以及纤维状，横切面为菱形或六边形；在横切面上可见两组完全解理，解理夹角为 124°或 56°，纵切面上只能见到一个方向的完全解理；薄片中颜色较深，常呈绿、黄褐色，多色性和吸收性都很强；正中突起。

（4）云母类矿物。云母类矿物分布相当广泛，是最常见的造岩矿物之一，三大岩类中均有分布，有的种属还是有用的矿产资源。根据化学成分和光性特征可将云母类矿物分为三个亚类：白云母亚类；金云母—黑云母亚类；锂云母—铁锂云母亚类。

云母类矿物的共同特征是常呈片状、鳞片状及假六方柱状，具有极完全解理；颜色随铁含量的增加而加深，含铁黑云母的多色性和吸收性均较强，白云母不含铁，为无色透明。

黑云母在薄片中大多数为长条状，具一组解理的切面多色性极为明显，都是深褐色，正中突起，平行消光，具三级以上干涉色。

金云母发育极完全解理，在薄片中通常呈不规则的片状或长条状，无色至浅黄褐色，具微弱多色性，正低—正中突起，平行消光，最高干涉色为二级至三级。

白云母发育极完全解理，在薄片中无色透明，多呈长条状和片状，正低—正中突起，平行消光，最高干涉色可达三级。

（5）斜长石类矿物。斜长石包括酸性斜长石、中性斜长石、基性斜长石。薄片中斜长石为无色透明，呈宽板状或柱状；绝大多数为正低突起，由于其折射率与树胶接近，在薄片中解理可见性很差；呈一级灰白干涉色；斜长石普遍可见到双晶，有聚片双晶等；在中长石中常常可见环带结构。

(6) 钾长石。在薄片中，钾长石无色透明，发育有两组解理；负低突起；干涉色为一级灰，无双晶或具有卡氏双晶或格子双晶。

(7) 石英。在薄片中，石英无色透明，呈他形粒状，无解理；正低突起，无糙面；干涉色一级黄白，常具波状消光。

(8) 方解石。方解石在自然界分布极为广泛，是沉积岩、变质岩的主要矿物组分。在薄片中无色透明，具菱形解理；闪突起；高级白干涉色；常具聚片双晶。

2. 常见岩石薄片的光学特征（根据某些具体岩石薄片描述）

(1) 二辉橄榄岩。中—粗粒结构，主要矿物为橄榄石、斜方辉石和单斜辉石等。橄榄石呈粒状，无色，裂纹发育，正高突起，糙面明显，最高干涉色可达二级顶部或三级底部。

(2) 辉长岩。辉绿结构，主要矿物为辉石、斜长石。辉石为他形粒状，正高突起，干涉色二级中，为普通辉石；斜长石为自形板状，聚片双晶发育，消光角较大，为拉长石；黑云母为棕红色，多色性强，由淡黄至棕红，呈定向排列。

(3) 辉绿岩。间粒结构，在斜长石格架中有细粒辉石、橄榄石等（彩图15）。斜长石呈自形板条状，钠长石双晶带细密，有些颗粒具环带结构；普通辉石为他形细粒状，淡褐色，多色性不明显；橄榄石他形细粒状，无色透明，突起高。

(4) 橄榄玄武岩。斑状结构，斑晶成分主要为橄榄石，还有辉石、斜长石（彩图16）。橄榄石半自形—他形粒状，常变为褐红色的伊丁石；普通辉石他形粒状充填于斜长石格架中；斜长石呈自形—半自形板状。若橄榄石已变为伊丁石则称为伊丁玄武岩。

(5) 闪长岩。全晶质半自形不等粒状结构，主要矿物成分为斜长石、角闪石。斜长石主要为偏基性的中长石，具环带结构；普通角闪石为淡绿、深绿色，干涉色受本身颜色影响，其边缘常见他形或放射状透闪石和阳起石，多色性不明显。石英呈他形充填于斜长石之间。

(6) 二长岩。岩石具二长结构，主要矿物为斜长石、正长石、辉石、角闪石等。斜长石为较自形板状晶体，环带结构发育；钠长石双晶发育。正长石多呈较大的半自形—他形晶，折射率低于树胶；辉石为自形或半自形短柱状晶体，浅绿色，有极弱的多色性；普通角闪石呈绿色，多色性强，消光角20°，常沿辉石的解理交代辉石而成。

(7) 石英闪长玢岩。斑状结构，斑晶为斜长石、角闪石和黑云母。斜长石斑晶占15%～21%，为自形板状，有时呈聚合斑晶出现，环带结构发育，钠长石斑晶发育；普通角闪石为自形粒状，横切面为菱形，多色性显著，绿—黄绿；基质为他形粒状石英与半自形细板状斜长石，基质占63.6%~72.8%。

（8）角闪安山岩。斑状结构，斜长石斑晶为半自形板条状，环带结构发育，角闪石斑晶呈自形—半自形长柱状及菱形，浅绿—褐黄色，干涉色大多不超过一级黄；基质中的斜长石为小板条状，折射率＞树胶，具交织结构。

（9）花岗岩。全晶质他形粒状结构，主要矿物为条纹长石、斜长石、石英，次要矿物为黑云母。条纹长石为他形粒状，主晶多为微斜长石，具格子状双晶，负突起，少数为正长石；斜长石为他形粒状；石英为他形粒状，无色透明，无解理，有轻微的波状消光；黑云母为他形片状，含量很少。

（10）黑云母花岗闪长岩。全晶质半自形粒状结构，主要成分为斜长石、石英、钾长石、角闪石；斜长石一般为自形板状晶体，正低突起，环带结构；正长石他形，负低突起，可见两组解理；石英为他形粒状；角闪石呈不规则形状，多色性强，横切面上可见角闪石清晰的解理缝。

（11）花岗斑岩。斑状结构，斑晶为正长石和石英。正长石斑晶0.5~10mm，半自形板状晶体，有时见卡氏双晶，石英斑晶0.3~2.9mm，他形，边缘常被熔蚀成港湾状，并含有许多矿物包裹体，黑云母为绿褐—褐黄绿多色性，不同程度绿泥石化；基质为微粒石英和正长石构成的显微花岗结构。

（12）似斑状花岗岩。具似斑状结构，多数斑晶＞10mm，有的可达数百毫米，斑晶主要由碱性长石组成，具环带结构；基质主要由斜长石、正长石、石英组成，斜长石主要为中至粗粒半自形板状，消光角小；正长石负低突起，解理清晰，石英为他形粒状。

（13）正长斑岩。斑状结构，斑晶为正长石，可见格子状双晶，干涉色极低。基质中长石主要为钠长石及更长石，有聚片双晶，斜长石空隙处充填有黑云母、褐铁矿及绿泥石等；角闪石呈绿色柱体分散在基质中。

（14）正长细晶岩。细晶结构，主要成分是正长石，正长石蚀变泥化较剧烈，单偏光下呈淡棕褐色，有较少的极细粒石英分布在其缝隙中。

（15）火山角砾岩。碎屑结构；碎屑由晶屑和岩屑组成，晶屑为0.2~1.5mm，岩屑为2~10mm，呈棱角状。有安山岩、燧石岩和火山角砾岩岩屑；晶屑多为石英和透长石，石英正低突起，有些溶蚀，常有裂纹；正长石负低突起，表面风化，呈浅褐色，有时见一组解理。胶结物一般为＜0.01mm的硅质雏晶，估计为火山灰重结晶所致。

（16）晶屑熔结凝灰岩。晶屑熔结结构，晶屑为长石，不规则板状，许多晶屑破碎，成分为正长石、斜长石，正长石无色，负低突起，干涉色一级灰；斜长石具聚片双晶，一般为更长石—中长石。

(17) 硅质石英砂岩。中—细粒砂状结构，碎屑颗粒几乎全是石英，而且胶结类型为石英次生加大式。还见微量磁铁矿、白云母和黑云母碎屑矿物。石英碎屑颗粒约占95%以上，粒度多数0.1～0.2mm，磨圆差，分选中等，胶结物为硅质，与石英碎屑颗粒成分相同，而且光性方位多数一致，系原生胶结物围绕碎屑颗粒再生长，从而使碎屑颗粒发生次生加大形成次生加大式胶结。

(18) 长石砂岩。砂状结构，次生加大胶结。碎屑成分主要为石英、长石，还有少量石英岩岩屑及白云母碎屑等，分选性差，次棱角状到次圆状。石英碎屑为棱角状，含量>50%；长石碎屑圆度较石英高，为次圆状，主要为正长石及微斜长石，正长石大多数已高岭石化。胶结物为黏土和铁质。

(19) 高岭石黏土岩。泥质结构，绝大多数由隐晶质细鳞片及胶体高岭石组成，约占90%以上，高岭石干涉色较低，单偏光下呈土状，粒度0.001mm左右，含母岩碎屑矿物很少。

(20) 鲕状灰岩。鲕状结构，鲕粒间为亮晶方解石充填胶结。鲕粒的粒径0.25～2mm，鲕粒多具有核心和同心层结构，核心为微晶方解石，同心层数层至十层不等。鲕粒原为泥晶方解石组成，后经重结晶作用已变成亮晶方解石。

(21) 竹叶状灰岩。砾屑结构。砾石由泥晶方解石灰岩构成，砾石表面平滑，褐铁矿染色剧烈，使之呈褐黄色，泥质成分较高，方解石均为<0.01mm的淀晶方解石组成。

(22) 白云岩。半自形不等粒镶嵌结构，岩石主要由白云石组成，少量亮晶方解石沿一组次生裂隙作脉状充填。白云石为半自形不等粒状，单偏光镜下双折率强，突起随转动载物台方向而变，具高级珍珠白干涉色特征。

(23) 油页岩。泥质结构，显微层状构造，主要成分为水云母黏土和有机质混合物，高倍镜下可见短的显微纤维状水云母。单偏光镜下的黄褐色及少量的褐红色为有机质，构成了显微层理。

(24) 千枚状板岩。千枚状构造，板状构造亦发育。主要矿物成分为显微鳞片状的绢云母，颗粒0.01mm，呈定向排列，干涉色较高，偶见少量石英粉砂，由于矿物成分未经重结晶变化，故定名板岩较好。

(25) 粉砂质千枚岩：变余粉砂质结构，千枚状构造，石英粒度0.01～0.03mm，具拉长形，有明显的定向排列，胶结物经变质后成为显微鳞片状绢云母绕石英细粉砂粒呈鳞片状排列，铁质及有机质集中于绢云母周围分布，单偏光镜下为棕褐色。

(26) 白云母石英片岩。片状构造明显，主要矿物成分为石英、白云母。石英呈细条粒状，包体甚多，无色透明，呈他形粒状，无解理，正低突起，无糙面；白云母发育极完全解理，在薄片中无色透明，多呈长条状和片状，正低一正中突起。黑云母甚少。

（27）十字石、铁铝榴石云母片岩。斑状变晶结构，基质纤维鳞片变晶结构，岩石主要由云母、石英、长石、十字石、铁铝榴石组成，后二者形成变斑晶，前三者呈纤维鳞片变晶基质。变斑晶十字石为柱状，横切面呈六边形，有环带结构，具明显的多色性，有一组解理清楚，正高突起，纵切面平行消光，横切面对称消光；铁铝榴石多为近似等轴六边形，自形晶横切面淡粉红色，正极高突起，无解理，均质性；基质中石英、长石压扁拉长他形变晶，与褶曲状平行密集的白云母细片相间排列，形成片理。

（28）花岗片麻岩。中粒花岗变晶结构，片麻状构造。主要矿物成分为石英、长石、云母，石英波状消光，接触处成缝合状；微斜长石及条纹长石少量，但较新鲜，中心部分有蚀变，斜长石蚀变最强烈。黑云母多色性强。

（29）石英岩。岩石具细粒、等粒变晶结构，石英呈 0.1～0.8mm 的球粒状，少数有拉长形状，许多颗粒有裂纹，含少量正长石（＜5％），一般呈显微粒状集合体充填在石英粒之间。偶见一些副矿物，如榍石、锆石、磷灰石等。

（30）大理岩。等粒变晶结构，主要由白云石组成，白云石重结晶颗粒一般为 0.05～0.1mm，正中突起，干涉色高级白。有极少量 0.1～0.8mm 白云母，其糙面比石英显著。

三、作业

偏光显微镜下观察花岗岩、玄武岩、安山岩、流纹岩、页岩、砂岩、石灰岩、片岩、片麻岩、石英岩的特点。

地质罗盘仪的使用，读图与绘图

实验九　地质罗盘仪的结构与使用

一、实验目的

(1) 了解地质罗盘仪的结构、用途和基本使用方法，学会野外工作的基本技能。

(2) 进一步理解岩层走向、倾向、倾角的含义，巩固课堂所讲的与岩层产状及产状要素有关的概念。

二、地质罗盘仪的结构

地质罗盘仪是野外地质和土壤、土地调查工作者必备的工具之一，可用来辨别方向，确定观察点的位置，测定岩层和一切构造面的产状，测量地形的坡度，同时与皮尺配合还可以测制地质剖面图、简易地形图、土壤分布图等。

地质罗盘仪和普通指南针一样，是根据地球的地磁极指向南北的原理制成的。式样很多，有近似圆形的，也有方形的，但结构大同小异，有铜、铝质或其他非磁性合金制成的盒子外壳，内装有测定方向的构件和测斜仪(图1-3-1)。

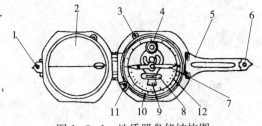

图1-3-1　地质罗盘仪结构图

1. 小测望标　2. 反光镜　3. 磁针制动器　4. 圆水准器　5. 长测望标　6. 短照准合页
7. 磁针　8. 长水准器　9. 测斜仪　10. 水平度盘　11. 度盘螺旋　12. 垂直度盘

1. 测定方向的构件　由磁针、磁针制动器、水平度盘、圆水准器和瞄准器组成。

磁针：是罗盘定向的最主要部件，安装在底盘中央的顶针上，进行测量时，放松磁针制动器螺丝，使磁针自由摆动，最后静止时磁针的指向就是磁子午线的方向。不用时必须立即旋紧制动螺丝，这点要特别注意。由于我国位于北半球，磁针两端受磁力不等，使磁针失去平衡，为了使磁针保持平衡，常在磁针南端绕上几圈铜丝，用此也便于区分磁针的南北端。

水平度盘：刻度有两种表示方法，一种是以底盘的北（N）端为0°，反时针方向连续刻至360°、180°、90°和270°，分别为N、S、E和W。用这种方法刻记的罗盘称方位角罗盘仪；另一种是以度盘的北（N）、南（S）端各为0°，分别向东（E）、西（W）端刻至90°，这种方法刻记的罗盘称为象限角罗盘仪，水平度盘上刻着的东西标记与实际的东、西方向相反，是为了便于测量能直接读得所求的数值。

目前使用的地质罗盘仪定方向时，大都用方位角表示。方位角是由地理子午线（真子午线）或地磁子午线的北端起，以顺时针方向量到已知直线的夹角，作为此线的真方位角或磁方位角。经磁偏角校正后的罗盘测得的读数称为真方位角，简称方位角。如图1-3-2所示，OM线的方位角为α，即真子午线与OM之间的顺时针方向的夹角，具体数值是45°，真子午线与OP线之间的顺时针方向的夹角为β，即OP线的方位角为β，测得具体数值是160°。

圆水准器：固定在底盘，使用时如圆水准气泡居中，说明罗盘放置水平了，否则把它调中。

瞄准器：包括长测望标、短照准合页、小测望标、反光镜（中间有平分线，下部有透明小孔），作瞄准被测目标之用。

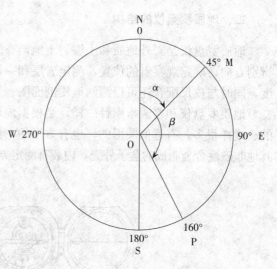

图1-3-2　方位角

2. 测定斜坡的构件　由测斜仪（悬锥）、长水准器、垂直度盘组成，是用来测定岩层及一切构造面的倾角和地形坡角之用。

测斜仪：悬挂在磁针轴下方，通过底盘处的扳手可使测斜仪转动，测斜仪中央尖端所指刻度即为倾角和坡角的度数。

长水准器：固定在测斜仪上，其中的水泡是观察测斜仪是否水平的依据。

垂直度盘：用来读倾角和坡角的度数。

三、磁偏角的校正

由于地磁子午线与地理子午线不一致，地球上任一点的磁北方向和该点的正北方向间的夹角叫磁偏角，各地的磁偏角是测绘部门按期计算、公布，以备查用的。磁偏角有东偏和西偏之分，因此使用罗盘仪前要进行磁偏角的校正，这样测得的数值，才能代表真正的方位角。校正的方法是向西偏减，东偏加。直接把罗盘上水平度盘转动磁偏角的度数，如东偏时将水平度盘顺时针方向转动，西偏时则逆时针转动水平度盘。

例如，某地区的磁偏角为西偏5°，只要将罗盘的水平度盘反时针旋转5°即可。

四、地质罗盘仪的使用

1. 确定方向 将罗盘仪的圆水准气泡居中，则罗盘仪的北针指向北，南针指向南。

2. 测定方位 先扭松制动器，用手托住罗盘，将罗盘仪的反光镜紧贴自己的身体，长测望标竖起朝前，使被测目标、长测望标尖、反光镜平分线在同一直线上，放平罗盘仪，圆水准气泡居中，读出磁北针所指的度数，即为被测目标的方位角（如果指针一时静止不了，可读磁针摆动时最小度数的1/2，测量其他要素读数时同此）。

如果被测目标低于观测者的位置，这时将罗盘举到自己的胸前，长测望标靠近自己，面对反光镜，使被测目标通过反光镜上透视孔中的平分线，经长测望标尖小孔和眼构成一直线，放平罗盘，读出磁针南极所指的读数（因用罗盘瞄准目标时，南北两端与前者正好相差180°），即为被测目标的方位角。

为了避免时而读指北针，时而读指南针，产生混淆，故应记住长测望标指着所求方向时恒读指北针，反之读指南针。

3. 测岩层和一切构造面的产状要素 测岩层或其他构造面的走向时，将罗盘的长边（即S、N边）与层面紧贴，如图1-3-3A所示，放平罗盘仪，圆水准气泡居中后，指北针或指南针所指的度数即为所求的走向。

测岩层倾向时，用罗盘的N极指着层面的倾斜方向，如图1-3-3B所示，使罗盘仪的短边（即E、W边）与层面贴紧，放平罗盘仪，指北针指的度数即为所求倾向。倾向只有一个指向，只能用一个数值表示。假若在岩层顶面上进行测量有困难，也可在岩层底部测量，仍用长测望标指向岩层倾斜方向，罗盘北端紧靠底面，读指北针即可，假若测量底面时读指北针受障碍，则用罗盘仪南端紧靠岩层底面，这时读指南针的读数。

图 1-3-3 岩层的产状要素及其测量方法

测倾向时，为了避免读错指针，可以首先确定某地点的南北方向，确定岩层或构造面的大致倾向方向，然后读与之相近的指针所指的读数即为所求倾向。

测倾角时，将罗盘竖起，以其长边贴紧层面，并与走向线垂直，用中指拨动罗盘底部之活动扳手，使长水准器中的水泡居中，读测斜仪中所指最大读数，即为岩层之真倾角，如图1-3-3C所示。倾角的变化介于0°~90°之间，如一岩层的倾角为35°。在野外测定产状要素时，往往只要测量岩层和一切构造面的倾向和倾角，并记录下来。记录格式为：倾向、倾角，如150°∠35°，是指倾向为150°，倾角为35°。由于走向和倾向相差90°，倾向分别加减90°即为走向，这样，走向就有两个数值，因此人们一般不记录走向。

注意：野外测量岩层产状时，必须在岩层露头上测量，不能在滚石上测量，因此要区分露头和滚石。区分露头和滚石，主要靠多观察和追索。另外，如果岩层面凹凸不平可把记录本放在岩层面上当作层面，以便测量。

在野外测得的产状要素要标注在图件的相应位置上。产状符号一般用"⊥50°"表示，长线表示走向，与长线相垂直的短线表示倾向，数字表示倾角。

4. 坡度角的测量　坡度角有两种：一种是向上测的仰角，记录时用"+"号表示在度数之前（如+15°）；另一种是向下的俯角，记录时在度数之前加"－"号（如－25°）。仰角和俯角的测量方法相同，先将罗盘横竖，用左手握紧，使反光镜面对自己，长测望标拉直，并将短照准合页与长测望标相垂直，被测目标（被测目标离地的距离要与罗盘仪离地面的距离相一致）通过反光镜透视孔中心线，与长测望标尖的小孔成一直线后，用右手调整测斜仪的长水准气泡居中，在测斜仪上读出度数，即为被测目标的坡度角。

五、作业

用罗盘仪测定两个目标的方位、两个模型岩层面或构造面的产状，并把数据填入表1-3-1中。

表1-3-1　罗盘仪测目标方位和岩层面产状

观测点位置	观测目标	测量项目	测量结果
位置1：		方位角	
位置2：		方位角	
	模型1（编号）	层面产状	
	模型2（编号）	层面产状	

实验十　地质构造模型的观察

一、实验目的

（1）通过观察立体的地质构造模型，加深和巩固课堂所学的知识。

（2）初步建立不同产状的岩层、褶皱、断层和角度不整合等构造的概念，了解各种产状岩层在不同地形条件下的露头形态。

二、实验内容

（1）岩浆岩的产状。

（2）不同产状岩层的露头形状。

（3）地层的接触关系。

（4）褶皱构造。

（5）断层构造。

三、模型解释

(一) 岩浆岩的产状（图1-3-4，具体内容参考教材中相关章节）

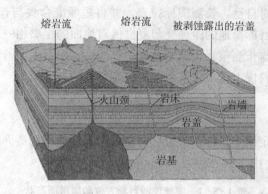

图1-3-4 岩浆岩产状

(二) 不同产状岩层的露头形状

层状岩层露头的分布形态决定于岩层产状、地形及二者的相互关系。

1. 水平岩层露头形态 地形平坦，未经河流切割，在地面上只能看见岩层的顶面；地形复杂，经河流切割，可以看到老岩层露头，其地质界线与地形等高线平行或重合（图1-3-5）。

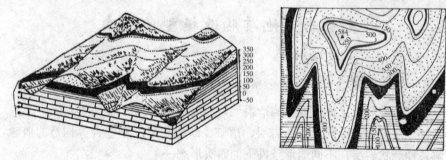

图1-3-5 水平岩层露头形态

2. 直立岩层露头形态 除岩层走向有变化外，其他不受地形影响，地质界线是沿其走向作直线延伸（图1-3-6）。

3. 倾斜岩层露头形态 表现为岩层界线与等高线斜交的曲线，常常延伸形成V字形弯曲，也称V字形法则。其弯曲程度与岩层倾角和地形起伏的大小有关。当倾角由大变小时，V字形也由开阔转向紧闭；当地形起伏由大变小时，弯曲形状越近乎于直线（图1-3-7）。

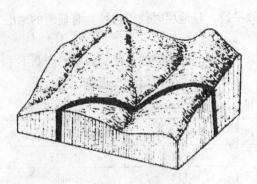

图1-3-6 直立岩层的露头形态

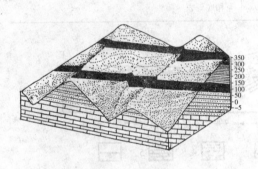
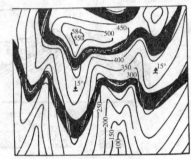

图1-3-7 倾斜岩层露头形态

(1) 岩层倾向与地面坡向相反，岩层露头线与地形等高线弯曲方向相同，但岩层露头线比等高线的弯曲程度小。在河谷处，V字形露头的尖端指向沟谷的上游；穿过山脊时，V字形露头的尖端指向山脊下坡。

(2) 岩层倾向与地面坡向一致，且岩层倾角＞地面坡度角，岩层露头线与等高线弯曲方向相反。在沟谷中，V字形露头的尖端指向下游；在山脊上，则指向上坡。

(3) 岩层倾向与地面坡向一致，但岩层倾角＜地面坡度角，岩层露头线与地形等高线也是向相同方向弯曲，露头线比等高线弯曲的程度大。在沟谷处，V字形露头的尖端指向上游；在山脊上，V字形露头的尖端指向山脊下坡。

(三) 地层的接触关系

地层的接触关系有整合接触、平行不整合接触和角度不整合接触三种（表1-3-2，图1-3-8）。

整合接触：是两套地层的产状完全一致，互相平行，时代是连续的，一般没有地层缺失现象。

平行不整合接触：岩层界线大致平行，且地层时代不连续，有显著的地层缺失现象。

角度不整合接触：较新岩层掩盖了较老岩层的界线，两套岩层的产状不平行，地层时代也不连续的接触关系，并且有显著的地层缺失现象。

表1-3-2 地层接触关系的特征

	整合	平行不整合	角度不整合
相邻地层产状	平行	平行	不平行
相邻地层岩性	相同	不同	不同
相邻地层层序	连续	有沉积间断、地层缺失、有古侵蚀面、古风化壳和底砾岩	
接触面特征	正常		

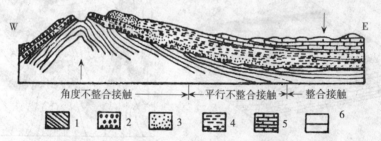

图1-3-8 地层接触关系的空间分布和类型变化示意图
1. 较老层序的岩层 2. 砾岩层 3. 砂质页岩
4. 黏土及页岩 5. 碳酸盐岩层 6. 不整合面

（四）褶皱构造

1. 褶曲要素 见图1-3-9。

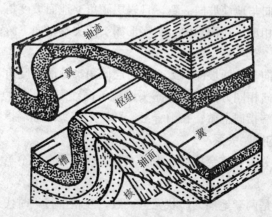

图1-3-9 褶曲要素示意图

2. 褶曲类型　见表1-3-3及图1-3-10。

表1-3-3　不同褶曲类型的特征

图号	类型	轴面	两翼地层	枢纽
1	直立褶曲	直立	对称	水平
2	倾斜褶曲	倾斜	不对称	水平
3	倾伏褶曲	直立、倾斜	对称或不对称	倾斜
4	倒转褶曲	倾斜	不对称，有一翼层序倒转	水平
5	构造盆地	直立	由四周向中央倾斜	下凹
6	穹隆构造	直立	由中央向四周倾斜	上拱

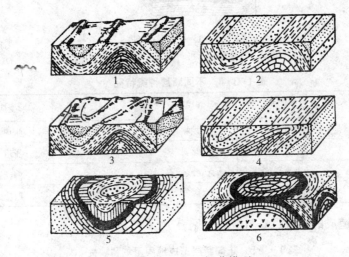

图1-3-10　褶曲模型

（五）断层构造

1. 断层要素　见图1-3-11。

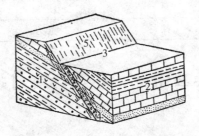

图1-3-11　断层要素图
1.下盘　2.上盘　3.断层线　4.断层破碎带　5.断层面

2. 断层的基本类型　断层的基本类型有正断层、逆断层、平移断层（图 1-3-12，表 1-3-4）。

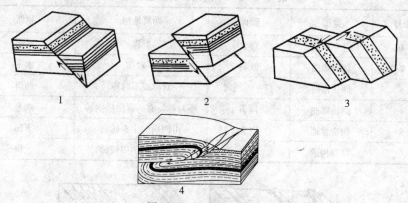

图 1-3-12　断层类型
1. 正断层　2. 逆断层　3. 平移断层　4. 逆掩断层

表 1-3-4　不同断层种类特征

断层种类	断盘的相对运动	断层面	断层倾角	所受应力
正断层	上盘下降	倾斜	>45°	张应力
逆断层	上盘上升	倾斜	>45°	压应力
平移断层	两盘水平移动	直立或倾斜	90°	剪应力
逆掩断层	上盘上升	倾斜	<30°	压应力

3. 断层造成的地层重复与缺失　见表 1-3-5。

表 1-3-5　走向断层造成地层重复和缺失

断层性质	断层倾向与岩层倾向的关系		
	相反	相同	
正断层	重复	断层倾角>岩层倾角 缺失	断层倾角<岩层倾角 重复
逆断层	缺失	重复	缺失

实验十一　地质图的判读

一、实验目的

（1）明确地质图的概念，了解地质图的图式规格。

(2) 掌握阅读地质图的一般步骤和方法。

(3) 能综合判读地质图。

二、地质图的概念

用规定的符号、色谱和花纹将某一地区的各种地质体和地质现象（如各种地层、岩体、地质构造、矿床等的时代、产状、分布和相互关系），按一定比例缩小并概括地投影到平面图上，即是地质图。地质图的种类很多，按内容和用途分为：区域地质图、构造地质图、第四纪地质图、水文地质图以及其他的专门地质图（如煤田地质图、油田地质图、工程地质图等）等。地质图按比例尺大小可分为：小比例尺地质图（比例尺<1:50万），中比例尺地质图（比例尺1:20万~1:10万）和大比例尺地质图（比例尺>1:5万）。

土壤工作者需要参考各种地质图件，搜集图件时尤其应该注意选用区域地质图和第四纪地质图，并尽量选用大比例尺的、最新出版的地质图。

三、阅读地质图的步骤和方法

1. 看图名和方位 从图名、图幅代号和经纬度可了解该图幅的地理位置和图的类型。如北京市地质图、江苏省第四纪地质图、南京汤山地区地质图等。图名列于图幅上方图框外正中部位，经纬度标于内图框边缘。一般地质图幅是上北下南，左西右东，特殊情况也有用箭头指示方位。

2. 看比例尺 比例尺一般注在图框外上方图名之下或下方正中位置，也有与图例放在一起的。比例尺有两种表示方法：一种是数字比例尺，它是表示地面实际距离被缩小的倍数，如1:50 000，即图上1cm相当于地上50 000cm或500m或0.5km；直线比例尺是把图上一定距离相当于实地的距离用直线表示出来。比例尺反映了图幅内实际地质情况的详细程度，比例尺愈大，制图精度愈高，反映地质情况也愈详尽。

此外，图廓的右下方还有责任表，表中注明编图单位或人员，编图日期及资料来源，以了解资料的新旧和质量。

3. 读图例 地质图上各种地层、岩体的性质和时代以及构造等都有统一规定的颜色和符号，详见附录一、附录二、附录三。

一幅地质图上有其所表示的地质内容和图例。图例通常放在图框外的右边。图例包括地层图例和构造图例两方面。

地层图例是把该图幅出露的地层由新到老，从上往下顺序排列，用标有各种地层的相应符号和颜色的长方形格子表示，长方形格子的左边注明地层时代系统，右边注明主要岩性；岩浆岩体的图例按酸性到基性的顺序排列在地层图例之下。

构造图例是用不同线条、符号表达地质构造的内容和意义，如岩层的产状要素、断层的种类等，构造图例常放在地层图例之后。地形图例一般不标在地质图上。

4. **读地层柱状图** 地层柱状图也叫综合地层柱状图，置于图框外的左侧，它是按工作区所出露的地层新老叠置关系综合出来的、具代表性的柱状剖面图。柱状图中各地层自上而下、由新到老顺序排列，各地层的岩性用规定的花纹表示，另栏注明各地层单位的厚度和相应地层的接触关系；喷出岩或侵入岩体按其时代及与围岩的接触关系绘在柱状图里。

柱状图的左栏是界、系、统、阶或群、组、段、带等地层单位，并注有相应的地层代号。

柱状图的右栏是简要的岩性描述，有关化石、地貌、水、矿产等，可各设专栏，也可一并放在岩性描述栏中。

5. **读地质剖面图** 在地质图上选一条尽可能穿越不同地形、地层和构造状况的有代表性的直线，把该线段上的地形、地层和构造等用二维的垂直断面图的形式表示出来。

地质剖面图置于图框外的下方，一幅地质图可设一个或若干个地质剖面图，剖面图的图名以剖面线上主要地名写在图的上方正中，或以剖面线代号表示之，剖面线代号就是用细线条画在地质图上的线段两端的代号，如 I—I'、A—B 等，它表明地质剖面图在地质图上的位置。

地质剖面图的比例尺有水平比例尺和垂直比例尺两种，水平比例尺一般与地质图的比例尺一致，垂直比例尺通常大于水平比例尺，后者标在剖面图左右两侧的边框上。

各地层的代号标注在剖面线出露的相应地层的上面或下面，地层的符号（花纹）和色谱应与地质图一致，其图例放在地质剖面图框的下方正中。

剖面图的两端上方要注明剖面线方向，用方位角表示。剖面线所经过的主要山岭、河流、村镇等地名应注在剖面地形线上相应的位置。

6. **地质图的综合分析** 在熟悉了上述各种图例的基础上，即可转向图面观察。一幅地质图所反映的地质内容相当丰富。从观察内容上，先从地形入手，然后再观察地层、岩性、地质构造、地貌等；从观察方法上，采用一般—局部—整体的分析步骤，首先了解图幅内的一般概况，然后分析局部地段的地质特征，逐渐向外扩展，最后建立图幅内宏观地质规律性的整体概念。对于土壤专业来说，应着重分析岩性和地质构造对地形、水文和土壤母质分布的影响。

四、作业

熟悉地质图的一般格式内容，阅读太阳山地区地质图（图1-3-13）。

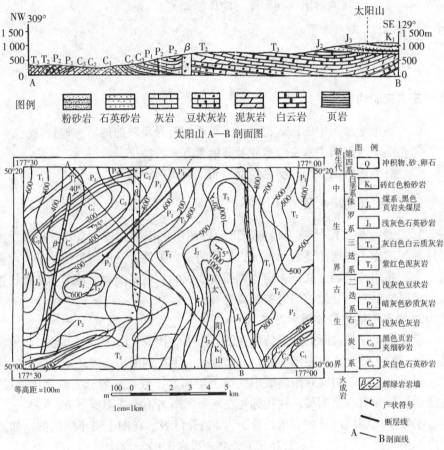

图1-3-13 太阳山地区地质图

实验十二 地形图的使用和剖面图的绘制

一、实验目的

(1) 了解地形图的基本概念和使用方法。

(2) 认识地形图上表示的各种地形地貌，初步了解地形图所在区域范围内水文、地貌及其组合方式等，为野外实习打下基础。

(3) 理解地质剖面图的含义，并在此基础上加深对地质图的理解。

(4) 学会绘制地形地质剖面图与地质剖面图。

二、实验材料

1∶1万、1∶5万、1∶10万地形图各一张；三角板；铅笔；绘图纸等。

三、实验内容

(1) 熟悉地形图中的图式符号，了解不同符号反映的地形、地物特征。

(2) 熟悉地形图中水文、地貌及其组合方式的特征。

(3) 熟悉地质剖面图并学会地形地质剖面图的绘制。

四、地形图的概念及使用

1. 概念 地形图的使用是指利用地形图所进行的判读、量算、行进、组织计划等工作。地形图是表示地形、地物的平面图件，是用测量仪器把实际测量出来，并用特定的方法按一定比例缩绘而成的。它是地面上地形和地物位置实际情况的反映，是地貌研究的重要工具。

2. 地形图的内容和表示方法

(1) 比例尺是实际的地形情况在图上缩小的程度。因为地面上地形与地物是不可能按实际大小绘在图上的，而必须按一定比例缩小，因此地形图上的比例尺也就是地面上的实际距离缩小到图上距离之比数，一般分为数字比例尺、直线比例尺和自然比例尺，往往标注在地形图图名下面或图框下方。

①数字比例尺用分数表示，分子为1，分母表示在图上缩小的倍数，如万分之一则写成1∶10 000，二万五千分之一写成1∶25 000。

②线条比例尺或称图示比例尺，标上一个基本单位长度所表示的实地距离。

③自然比例尺：把图上1cm相当于实地距离的多少直接标出，如1cm＝200m。

此外，比例尺的精度也是一个重要的概念。人们一般在图上能分辨出来的最小长度为0.1mm，所以把在图上0.1mm长度按其比例尺相当于实地的水平距离称为比例尺的精度。例如比例尺为1∶1 000，其0.1mm代表实地0.1m，故1∶1 000之地形图的精度为0.1m。

从比例尺的精度看出不同比例尺的地形图所反映的地势的精确程度是不同

的,比例尺越大,所反映的地形特征越精确。

(2) 地形符号

①地形符号一般用等高线表示,等高线是地面同一高度相邻点之连线,等高线的特点为:

a. 同线等高:即同一等高线上各点高度相同。

b. 自行封闭:各条等高线必自行成闭合的曲线,若因图幅所限不在本幅闭合必在邻幅闭合。

c. 不能分叉,不能合并:即一条等高线不能分叉成两条,两条等高线不能合并成一条(悬崖、峭壁例外)。

等高线是反映地形起伏的基本内容,从这个意义上说地形图也就是等高线的水平投影图。黄海平均海平面是计算高程的起点,即等高线的零点。按此可算出任何地形的绝对高程。

等高距——切割地形的相邻两假想水平截面间的垂直距离。在一定比例尺的地形图中等高距是固定的。

等高线平距——在地形图上相邻等高线间的水平距离,它的长短与地形有关。地形坡缓,等高线平距长,反之则短。

②各种地貌用等高线表示的特征:

a. 山头与洼地:从图1-3-14中可见,山头与洼地都是一圈套着一圈的闭合曲线,但它们可根据所注的高程来判别。封闭的等高线中,内圈高者为山峰,如图中A,反之则为洼地,如图中B。

两个相邻山头间的鞍部,在地形图中为两组表示山头的相同高度的等高线各自封闭,相邻并列,其中间处为鞍部,如图中C。

两个相邻洼地间为分水岭,在图上为两组表示凹陷的相同高度等高线各自封闭,相邻并列,如图中D。

b. 山坡:山坡的断面一般可分为直线(坡度均匀)、凸出、凹入和阶梯状四种。其中等高线平距之稀密分布不同。

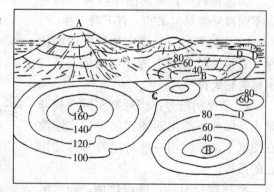

图1-3-14 山头与洼地等高线特征

均匀坡:相邻等高线平距相等。

凸出坡:等高线平距下密上疏。

凹入坡：等高线平距下疏上密。

阶梯状坡：等高线疏密相间，各处平距不一。

c. 悬崖、峭壁：当坡度很陡成陡崖时等高线可重叠成一粗线，或等高线相交，但交点必成双出现。还可能在等高线重叠部分加绘特殊符号。

d. 山脊和山谷：如图 1-3-15 所示，山谷和山脊几乎具有同样的等高线形态，因而要从等高线的高程来区分，表示山脊的等高线是凸向山脊的低处，如图中 A 处；表示山谷的等高线则凸向谷底的高处，如图中 B 处。

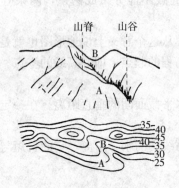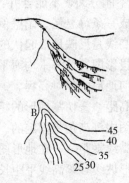

图 1-3-15　山脊与山谷等高线特征

e. 河流：当等高线经过河流时，不能垂直横过河流，必须沿着河岸绕向上游，然后越过河流再折向下游离开河岸（图 1-3-16）。

③地物符号：地形图中各种地物是以不同符号表示出来的，有下列三种：

a. 比例符号：是将实物按照图的比例尺直接缩绘在图上的相似图形，所以也称为轮廓符号。

b. 非比例符号：当地物实际面积非常小，以致不能用测图比例尺把它缩绘在图纸上时，常用一些特定符号标注出它的位置。

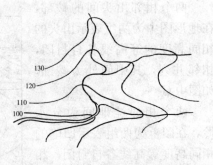

图 1-3-16　河流等高线特征

c. 线性符号：长度按比例，而宽窄不能按比例的符号，某种地物成带状或狭长形，如铁路、公路等，其长度可按测图比例尺缩绘，宽窄却不按比例尺。

以上三种类型并非绝对不变的，对于采用哪种符号取决于图的比例尺，并会在图例中标出。

3. **读地形图** 阅读地形图的目的是了解、熟悉工作区的地形情况,包括对地形与地物的各个要素及其相互关系的认识。因而不但要认识图上的山、水、村庄、道路等地物、地貌现象,还要能分析地形图,把地形图的各种符号和标记综合起来连成一个整体,以便利用地形图为地质工作服务。

阅读地形图的步骤如下:

(1) 读图名。图名通常是用图内最重要的地名来表示。从图名上大致可判断地形图所在的范围。

(2) 认识地形图的方向。除了一些图特别注明方向外,一般地形图为上北下南,左西右东。有些地形图标有经纬度,则可用经纬度确定方向。

(3) 认识地形图图幅所在位置。从图框上所标注的经纬度可以了解地形图的位置。

(4) 了解比例尺。从比例尺可了解地形图面积的大小、地形图的精度以及等高线的距离。

(5) 结合等高线的特征读图幅内山脉、丘陵、平原、山顶、山谷、陡坡、缓坡、悬崖等地形的分布及其特征。

(6) 结合图例了解该区地物的位置,如河流、湖泊、居民点等的分布情况,从而了解该区的自然地理及经济、文化等情况。如图1-3-17所示为某地区地形图。

图1-3-17 某地区地形图

4. **利用地形图制作地形剖面图** 地形剖面图是以假想的竖直平面与地形相截而得的断面图。截面与地面的交线称剖面线。地质工作者经常要作地形剖面图,因为地质剖面与地形剖面结合在一起,才能更真实地反映地质现象与空间的联系情况。地形剖面图可以根据地形图制作出来,也可在野外测绘。利用地形图制作地形剖面图的步骤为：

（1）在地形图上选定所需要的地形剖面位置，绘出剖面线 AB。

（2）作基线，在方格纸上的中下部位画一直线作为基线 A'B'，定基线的海拔高度为 0，亦可为该剖面线上所经最低等高线之值，如图 1-3-18 中为 500m。

（3）作垂直比例尺。在基线的左边作垂线 A'C，令垂直比例尺与地形图比例尺一致，则做出的地形剖面与实际相符。如果是地形起伏很缓和的地区，为了特殊需要，也可放大垂直比例尺，使地形变化显得明显些。

（4）垂直投影。将方格纸基线 A'B' 与地形图 AB 相平行，将地形图上与 AB 线相交的各等高线点垂直投影到 A'B' 基线上各相应高程上，得出相应的地形点。剖面线的方向一般规定左方就北就西，而剖面的右方就东就南。

（5）连成曲线。将所得之地形点用圆滑曲线逐点依次连接而得地形轮廓线。

（6）标注地物位置、图名、比例尺和剖面方向，并加以整饰，使之美观（图 1-3-18）。

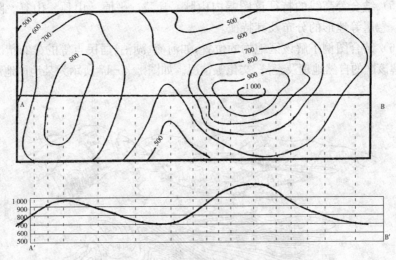

图 1-3-18 利用地形图作地形剖面线

5. 利用地形图在野外定点 在野外工作时，经常需要把一些观测点（如地质点、矿点、工点、水文点等）较准确地标绘在地形图中，区域地质测量工作中称为定点。

利用地形图定点一般有两种方法：

（1）目估法。在精度要求不很高时（在小比例尺填图或草测时）可用目估法进行定点，也就是说根据测点周围地形、地物的距离和方位的相互关系，用眼睛来判断测点在地形图上的位置。

用目估法定点时首先在观测点上利用罗盘仪使地形图定向,即将罗盘仪长边靠着地形图东边或西边图框,整体移动地形图和罗盘仪,使指北针对准刻度盘的0°,此时图框上方正北方向与观测点位置的正北方向相符,也就是说此时地形图的东南西北方向与实地的东南西北方向相符。这时一些线性地物如河流、公路的延长方向应与地形图上所标注的该河流或公路相平行。

在地形图定向后,注意找寻和观察观测点周围具有特征性的在图上易于找到的地形地物,并估计它们与观测点的相对位置(如方向、距离等)关系,然后根据这种相互关系在地形图上找出观测点的位置,并标在图上。

(2) 交会法。利用比例尺稍大的地形图定点时,精度要求较高则需用交会法来定点。首先要使地形图定向(方法与目估法相同)。

然后在观测点附近找三个不在一条直线上且在地形图上已标注出来的已知点(如三角点、山顶、建筑物等),分别用罗盘仪测量观测点的方位,然后再在图上找到各已知点,用量角器作图,在地形图上分别绘出通过三个已知点的三条测线,三条测线之交点应为所求之测点位置。如三条测线不相交于一点(因测量误差)而交成三角形(称为误差三角形),测点位置应取误差三角形之重心。

具体应用此法时应注意两点:

①量测线方向时,如罗盘仪对着已知点瞄准,则指南针所指读数为所求观察点的方位。指北针所指读数则是已知点位于此观测点之方向。为了避免混乱,一般采用罗盘仪长测望标对着未知方向(所求点之方向)读指北针。

②用量角器将所测的测线方向画在图上时应注意采用地理坐标而不是按罗盘仪上所注方位。

实际工作时往往将目估法和交会法同时并用,相互校正,使点定得更为准确。例如用三点交会法画出误差三角形后,用目估法找出测点附近特殊的地形地物和高程来校对点之位置。

五、地质剖面图的绘制

1. 地形地质剖面图与地质剖面图的概念

(1) 地形地质剖面图。为了更全面了解一个地区地质体的特征及在空间的变化规律,一般要作地形地质剖面图。地形地质剖面图是依地质图上某一直线,把平面图上的地形、岩层和构造特征等绘制成垂直断面图。

(2) 地质剖面图。为了解和表示一个地区地质构造在剖面上的特点,可以在地形地质图上通过所要了解的方向作地质剖面图。地质剖面图是反映沿某一方向的地下深度内的地质构造情况的图件,它可以根据地形地质图绘制出来,也可在野外测绘(图1-3-19)。

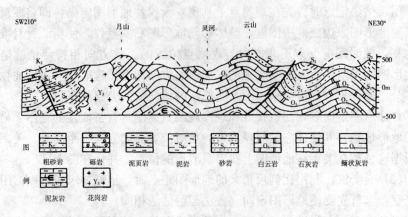

图 1-3-19 地质剖面图

2. 地形地质剖面图与地质剖面图的绘制步骤

（1）选剖面线。要尽量垂直于区内构造线和地层走向线（这样可使剖面图上地层倾角和平面图上一致，而不需要再进行换算）；尽量切到该区全部出露的地层和构造类型，以及不同的地貌类型，使剖面图具有代表性。

（2）定比例尺。剖面图的水平比例尺通常与地质图的比例尺相同。为了更显著地表现地形的起伏，常将垂直比例尺适当放大，但放大倍数不宜太大，否则将会使小丘变成高山，缓坡变为陡崖，使地形失真。在方格纸上划一条水平线作为基线，其左端向上划一垂直线，以剖面线通过的最低标高作为起点，按已确定的垂直比例尺标在高程上，即在水平线上方得到许多高程点。

（3）作地形地质剖面图。在方格纸上定出剖面基线，两端画上垂直线条比例尺，并注明标高。一般取剖面所过最低等高线高度低1～1.5cm为基线标高。然后将地质图上的剖面线与地形等高线相交各点——投影到相应标高的位置，按实际地形用曲线连接相邻点即得地形剖面。用圆滑的曲线顺序连接各点，得到地形地质剖面图。注明图上主要的地物名称，如山岭、公路、河流、村庄等。

（4）作地质剖面图。将剖面线与地质界线的交点投影到地形剖面图上，根据岩层和地质构造产状要素作地质剖面图，并标注岩层的产状和时代符号，断层和接触关系等也应在剖面上有所表示。

（5）图的修饰。地质剖面图上不同时代的地层用规定的花纹、颜色、符号表示，再标明比例尺、图例、剖面线代号、剖面线方向、编图日期、编图者。

六、作业与思考

（1）根据红水河地区水平岩层地形地质图作AB地质剖面图（图1-3-20）。

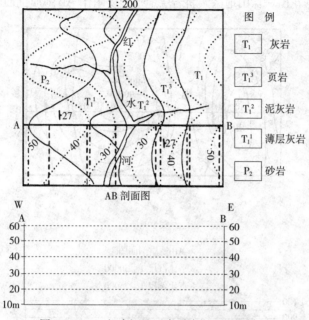

图 1-3-20 红水河地区水平岩层地形地质图

（2）根据红水河地区倾斜岩层地形地质图作 AB 地质剖面图（图 1-3-21）。

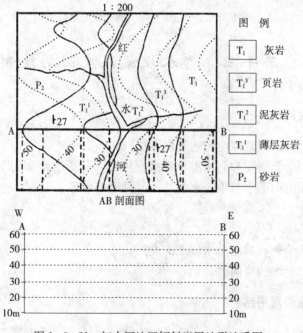

图 1-3-21 红水河地区倾斜岩层地形地质图

(3) 根据花山—珠山地区倾斜岩层地形地质图作 AB 地质剖面图(图1-3-22)。

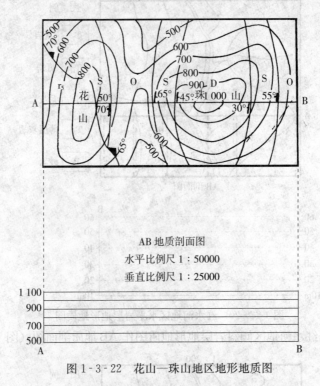

图 1-3-22　花山—珠山地区地形地质图

实验十三　潜水埋藏深度图的绘制

一、实验目的

(1) 学会潜水埋藏深度图的编制方法。
(2) 初步学会阅读和利用潜水埋藏深度图，分析潜水面的空间变化规律，并能确定不同时期潜水与地表水的补给、排泄关系等。

二、实验内容

(1) 据所给资料编制潜水埋藏深度图。
(2) 绘出潜水的流向。

三、编图必需用品

坐标纸（10cm×30cm）一张；铅笔、橡皮、尺子、彩色铅笔等。

四、制图原理和方法

潜水的埋藏深度是指潜水的自由水面至地面的距离。由于潜水面是随着地点、时间、环境条件的影响不断变化，潜水的埋藏深度也随之不断改变。例如，多雨的季节潜水得到补给，潜水面上升，则埋藏深度变浅；而干旱少雨的季节，潜水面下降，则埋藏深度变深。就某一地点而言，在一定的时间内，潜水面是相对稳定或是变化不大的，具有一定的埋藏深度，即可制作这个时期的潜水埋藏深度图。为了说明一个地区潜水埋藏深度的变化情况，应在几个时期分别绘制，进行对比分析，获得所需要的资料。

潜水埋藏深度图表示潜水面某一时期在不同地点的埋藏深度，可以和潜水等水位线图重合在一张图上，也可单独编制。

1. **确定划分埋藏深度带的间距** 间距的大小要根据比例尺的大小、资料的多少来确定。小比例尺采用的间距要大一些，大比例尺间距可小一些。本次实习的埋深间距采用 2m，分四个等级，即 0～2m、2～4m、4～6m、大于 6m。

2. **在图中标出所有观测水点的潜水埋深** 当有等水位线图时，计算出等水位线与地形等高线相交处的潜水埋深。用内插法查出需要的点，然后考虑地形，把埋深相同的各点用圆滑的曲线连接起来即可。勾绘时，可以从最大值或最小值的点开始，与周围相比较，用目估比例法勾画出分区界线的等值线（圆滑曲线）。如果确定潜水埋深 4～6m 的地区范围，需要把潜水埋深为 4m 和 6m 的等值线绘出来，就能得到 4～6m 的埋深分区。凡是在 4～6m 间的潜水埋深点，可直接围在区内。钻孔或试坑的潜水埋深值，一般不会恰好等于 4m 或 6m，有深有浅，在允许误差范围之内，可用目估比例法来勾绘等值线。如相邻两钻孔 A 和 B 的潜水埋深分别为 3m 和 9m，求潜水埋深为 5m 的 C 点位置？用直尺量得 AB 之间的距离为 6cm，A 和 B 两点潜水埋深值相差 6m，那么潜水埋深 1m 相当于图上的 1cm 长，要求潜水埋深为 5m 的 C 点，与 A 点潜水埋深相差 2m，则 C 点的位置在距 A 点 2cm 处，即是把 A 和 B 之间的潜水埋深差平均分配在 AB 之间的距离上。倘若 AB 之间的距离为 9cm，那么 C 点的位置在距 A 点 3cm 处。其他依此类推。

3. **用不同的颜色表示不同的埋藏深度带** 潜水埋藏深度由浅到深，着色也应由浅色到深色，每一埋藏深度带的颜色必须鲜明易分。

潜水埋藏深度图代表一个地区一定时间范围内潜水的分布状况，在判读潜水埋藏深度图时应注意：

（1）不同地点潜水的埋藏状况及其与地形、地表水的关系。

(2) 不同地点潜水的埋藏状况与相应部位土壤盐分状况、区域性盐渍化的关系。

(3) 不同时期不同条件潜水埋藏深度的变化情况。

(4) 潜水埋深与各种排灌水利条件、农业技术措施的关系。

五、作业

(1) 完成×地区潜水埋藏深度图（图1-3-23），并进行分区：潜水埋藏深度 $d<2m$、$d=2\sim4m$、$d=4\sim6m$、$d>6m$。

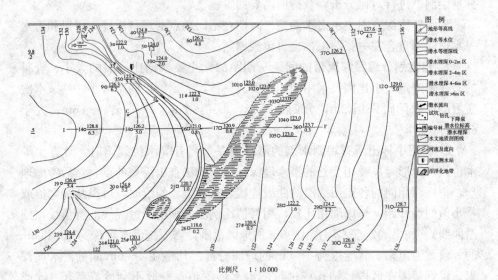

比例尺 1:10 000

图1-3-23 ×年×月×地区潜水埋藏深度图

(2) 说明不同地点潜水的埋藏状况及其与地形、地表水的关系。
(3) 说明潜水埋藏深度图的意义。

实验十四 潜水等水位线图的绘制

一、实验目的

(1) 掌握潜水等水位线图的编制方法。
(2) 初步学会阅读和利用潜水等水位线图。

二、实验内容

（1）依据所给资料，编制潜水等水位线图。

（2）标出潜水流向（潜水由高水位流向低水位，过某一点的潜水流向垂直于过这点的等水位线。）

（3）分析潜水面的形状及其影响因素。

三、资料及用品

（1）与测绘要求比例尺相应的地形底图。

（2）各井、泉、钻孔、试坑等水文地质点的实际资料（如编号、水位标高、潜水埋深等资料）。

（3）当地表水与潜水有水力联系时，区内地表水在该时期的水位资料（已知区内测水站×年×月×日测得该处河水的绝对标高为 122.0m，所有地段河水坡降等于 2‰）。

（4）透明坐标纸一小张，大头针 2 枚，铅笔、橡皮、尺子等。

四、编图方法

1. 编号 先将全部地下水位观测点进行编号，并用相应的图例及格式标定在地形图上。如：

$$\text{水点编号} \genfrac{}{}{0pt}{}{\circ}{\circ} \#\frac{\text{水位标高}}{\text{潜水埋深}} \left(11 \genfrac{}{}{0pt}{}{\circ}{\circ} \# \frac{122.5}{1.0}\right)$$

2. 确定等水位线等高间距 等水位线等高间距根据编图的目的、比例尺的大小和观测点的多少而定。比例尺大，观测点多，等高间距小一些。比例尺小，观测点少，等高间距应放大一点。一般等高间距设为 1、2、5m，偶尔可达 10m 的。

3. 求水位标高 根据相邻观测点的水位标高，用内插法求出各点之间一定间距的水位标高。把相同标高的各点连接起来，并标出地下水流向，就构成潜水等水位线图。

内插的方法有：①透明坐标纸法；②作图法；③计算法；④目估法。利用透明坐标纸法既准确又迅速，是目前常采用的一种方法。具体步骤如下：

（1）取一长方形透明坐标纸，其长度应大于区内相邻两点之最大距离。在图上按不同比例选取一定间隔作为等水位线图的等高间距，各线即为等值线。

（2）内插法只在两点间潜水面连续分布且水位标高单调变化的条件下适

用。若A、B两点间需内插,首先在透明坐标纸上找到与该点(如A点)水位标高相同的等值线,然后将透明纸盖在底图上,使之与A点重合,用大头针固定。以A点为中心旋转透明坐标纸,使B点与透明坐标纸上相同的等值线相交。此时不再移动透明坐标纸,用直尺连接A、B两点,此连线与透明坐标纸上相应等值线之交点即为所求点。此时用大头针在这些交点上往底图上扎针眼,然后将透明坐标纸从B点移开,将各针眼点标上水位标高值即成。如附近尚有其他各点可与A点内插时,则A点上的大头针勿拔去,只需转动透明坐标纸,依上述同样方法进行。

五、注意事项

(1)测量各点水位的工作是在有代表性的季节内进行的。如洪水期、平水期或枯水期,选择某一时间同时测定(应避免在雨后立即测量)。实地测量的是潜水的埋藏深度,经换算后,得潜水面绝对标高。测量工作最好在清晨居民未用水前进行。

(2)潜水面的形状主要取决于地形的变化,多与地形的变化大体一致,但比地面坡度平缓得多,在局部地段潜水面形状还与隔水底板的产状、含水层的透水性有关。潜水面多为曲面,且各处坡度不等。因此,内插只能在潜水位变化最大的方向选择邻近的两点进行。连线时应考虑上述特征,使图件最接近实际情况,切勿机械从事。

(3)泉和沼泽的分布区都是潜水面出露地表的地段,这里的潜水面埋深等于零。

(4)当潜水和地表水体之间有直接水力联系时,岸边各点地表水位应与地下水位一致;地表水体各点水位按测水站水位及河流坡降推定,注意等水位线不能穿越河流,只能连到岸边;垂直河流截面的河水面可视为水平的,在潜水等水位线图上,同一条等水位线在河流两岸应在一个高度上;当潜水与地表水无水力联系时,等水位线可穿越河流。

(5)连接相同各点时,要用圆滑曲线,不能用折线。

六、作业

(1)编制沙河地区潜水等水位线图(图1-3-24),并标出潜水流向。

(2)利用绘制的沙河地区潜水等水位线图分析潜水可能从哪些方面获得补给?向何处排泄?

(3)本区潜水面形状有何特征?受哪些因素影响?

(4)确定沙河地区地下水与地表水的补、排关系。

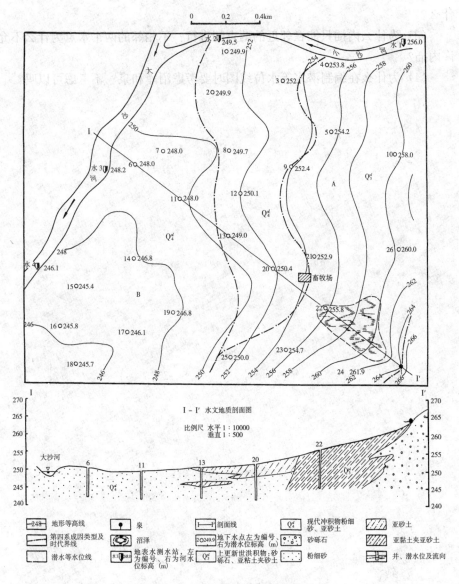

图 1-3-24　沙河地区潜水等水位线图

七、思考题

（1）为什么测量潜水水位要在同一时间内进行？不在同一时间是否可以？

（2）当地表水与地下水有水力联系时，河流两边的水点能否进行内插？为什么？

(3) 为什么内插只能在邻近的两点间进行？不相邻的两个水点为什么不允许内插？

(4) 为什么在编制潜水等水位线图时要考虑沼泽和泉？不考虑可以吗？

第二部分 野外实习

一、野外实习的基本工作方法

(一) 拟定实习计划和工作方案

为使野外实习顺利进行，必须拟定切实可行的实习计划和工作方案。由于两者比较接近，现以实习计划说明其主要内容。

实习计划一般由带野外实习的教师共同拟定。实习指导教师最好由主讲教师担任，这样能比较顺畅地将课堂知识与野外实践知识结合起来。如主讲教师不能外出，担任实习指导的教师要了解课堂讲授的内容，熟悉实习地区的地质地貌情况，掌握野外工作的基本方法。切忌对实习地区不了解，仅浏览了一些该区的有关资料，到野外想当然地信口开河，误导学生或导致实习失败。

实习计划主要包括以下内容：

(1) 实习题目或实习环节名称。

(2) 参加实习的教师和学生。实习指导教师要准确写明所在的院系及教研室，实习学生要写明专业、年级和班级，准确的实习人数，实习的起止时间、实习的地点。

(3) 实习的目的及任务。除写明实践教学在课程学习中的地位和作用、地质学与地貌学对野外工作的特殊要求等内容外，还应写明专业培养方案及教学计划对野外实习的规定和安排。

(4) 实习内容。首先应总体介绍拟实习地区的基本条件，主要的自然、社会、经济、地质、地貌情况。然后介绍实习中需要观察的地质、地貌现象：矿物、岩石、地层、化石、构造、矿产、内外动力地质作用、各种地貌现象、地质灾害等。

地质、地貌工作的基本技术和方法也是实习的重要内容：地质罗盘仪的使用、岩层和构造面产状的测量、岩石矿物的肉眼鉴定、手标本的采集、地质平面图和剖面图的实测和绘制、素描的训练、地质地貌图的使用等。通过这些训练，提高学生的基本技能。

最后要编写实习报告。

(5) 实习过程安排。实习时间要紧凑有序，每天的实习内容要充实、具体。若围绕学校去不同方向实习，尽量一天工作结束后返回学校。若需连续在外实习，尽可能不走回头路，安排成环行或往返不同的路线，以增加实习内容，使野外教学更加丰富多彩。如果有现成的实习地区交通简图，在实习计划中将实习路线标注在地图上，效果更好。

（6）吃、住、行及其他后勤保障工作的安排。后勤工作准备得充足与否，对实习的成败具有直接影响。吃、住的时间、地点、人数（住宿还要说明男女人数）、标准等都要逐项落实，最好能事先确定。若带车实习，车的型号、座数、条件要明确，司机的食宿等也要事先说明。实习时如人数较多，在野外时间较长，可以考虑安排随队医生，以保证及时应付可能出现的伤病。如条件不具备，应由医生专门配备必要的药品器械随队携带，由具有一定医疗常识的实习人员携带和管理。

（7）经费的预算及落实。经费预算要准确和实事求是，考虑要周全。如车票、租车费、过路过桥费、停车费、门票、住宿费、药品费、材料费等都要计划到。做预算要从实际出发，大体根据可能得到的经费匡算。要留有余地，避免因经费不够而临时改变实习计划。做出的经费计划一定要得到主管部门的认可和批准，若预算高于批下来的经费，应及时修改实习计划，并将修改后的计划再次呈报。

如果有必要，实习方案稍加改编就可以形成一份《野外实习指南》或《野外实习指导书》，提供给参加实习的有关人员作为参考。

（二）准备工作和实习要求

1. 准备工作

（1）人员组织。外出实习前必须落实参加实习的准确人数：一般每个教学班配备两名指导教师，才能组织和管理学生实习，随时解答他们提出的各种问题。没有特殊原因，凡学习本课程的学生都应参加野外实习。如有特殊情况实在不能参加实习的，经领导和老师批准办理相关手续，野外实习课没有成绩。如实习学生较多、外出时间较长，学校或院系应派教学管理人员参加。其他参加实习的人员（如上级部门检查教学实习的领导、进修人员、特聘的指导人员等）也必须逐一落实，以免在野外出现意外。

（2）思想及业务准备。学生以前很可能没有接触过野外实习，对实习充满了好奇和向往，可能还有的同学把实习看成是游山玩水和旅游观光。因此要让学生知道，野外实习是大学教育和课程学习的重要组成部分，是地质学与地貌学教学必不可少的一个重要环节。野外实习跋山涉水、风餐露宿，非常艰苦，让学生做好吃苦的思想准备。实习过程中的具体要求，要向学生讲清楚。

外出实习前，抽出一定的时间让学生复习一下课堂教学中学习的内容，特别是与实习地区密切相关的内容，指导教师要重点讲述。使学生在实习时能够理论联系实际，更好地认识和理解各种地质现象。在野外需要掌握的基本技能，如地质罗盘仪的使用等，也需要在校内预先练习。

(3) 资料准备：

图件：地形图是基本图件，野外工作和写实习报告时都要用。各种地质图，如综合地质图、构造地质图、水文地质图、第四纪地质图、矿产图等都是必需的专业图件。地貌图也是必需的专业图件之一。相关专业的图件，如土壤图、土地资源图等也是重要的参考图。交通图可以提供行动的方便。旅游图也能提供一定的专业知识，尽管它不是为介绍专业知识而编制的。

文字资料：包括实习地区有关的自然（地形地貌、气候、植被、土壤、水文、土地等）资料、社会经济资料等。若为旅游区，有关景区介绍的书籍或小册子也可以搜集，这类资料可以丰富实习内容，陶冶学生情操。地质部门的报告、前人在本区的研究论文和其他成果也要搜集。

遥感资料：实习地区的航片和卫片，当然数码或电子资料也可。

(4) 物质准备。地质工作者野外工作时经常身挎一个地质包，学生野外实习同样用得着。地质包内一般装有以下工具：军用铁锹、地质罗盘、放大镜、望远镜、磁铁、小刀、镊子、地质锤、卷尺、水壶等。地质包不需要人手一个，大约每组有一个就可以满足需要。

在野外有时还需要进行某些简单的化学实验来鉴定矿物、岩石、化石或沉积物，所以也需要准备一些化学药品及相应的材料和器械。可以装备一个野外简易化学鉴定分析箱，化学药品根据需要而定，如鉴定碳酸盐需带盐酸，鉴定磷酸盐需带硝酸和钼酸铵。附带的材料和工具如酒精灯、试管、玻璃片、瓷板、滤纸等。如需测定土壤或沉积物的酸度，混合指示剂也需要带。

如果实习人员较多或实习地点分散，通讯工具也是必要的，像旗子、哨子、喇叭、对讲机等。手持喇叭野外讲课时也用得着。

若进行剖面实测或路线调查，还需要带必要的测量、绘图用的仪器和工具。其他常用的学习用具可布置学生自带。

如果有条件还可带上照相机和 GPS 等仪器。

(5) 预习。实习前一定要预习，只有通过预习，才能了解实习地区的实际情况，做到心中有数。实习的总体安排、实习路线的选择、观察点的确定、讲授的内容都靠预习来把握。即使已经去过多次的实习地区，预习仍然是必要的，以前看过的点今年不一定还继续存在。预习还有一个目的，就是可以了解和确定实习的交通路线和交通方式，吃、住的条件和地点。

(6) 后勤保障。主要是指与实习有关的学习和生活条件。例如外出实习需要乘车，乘火车可以购团体票，乘汽车需要租车，都必须事先安排。实习师生是一个不小的团体，需在外面留宿时住宿条件一定要有保证，尤其是偏远地区。饮食也要妥善解决，最好找一个机关或学校食堂或较大的饭店集中就餐，既安全又卫生。其他还有医疗保健、防寒防雨、劳保用具（手套、登山鞋等）、通讯工具、学习用具等都要落实，以保证在野外顺利完成教学任务。

(7) 经费。按照经上级批准的预算准备好实习经费，实习经费要由专人管理。经费必须由带队教师统一支配。大宗钱的支出尽量在室内，如车费可以在学校或公司结算。

2. 野外实习要求 由于地质学与地貌学作为专业基础课是放在大学低年级讲授的，野外实习与校内课堂学习有很大差异，学生在这方面的知识和技能非常缺乏。因此必须向他们讲清楚野外实习的要求，以圆满完成实习任务。野外实习的基本要求包括：

(1) 穿着适当。野外实习环境与校内有很大差别，所以穿着要适当。由于要走路爬山，必须穿球鞋或旅游鞋，不能穿高跟鞋，塑料凉鞋也是不可取的。女同学夏天不要穿裙子，可以戴一顶草帽或太阳帽防晒。

(2) 服从指挥，令行禁止。在野外行动管理比较困难。在实习点上大家一站就是一大片。当由一个观测点向另一个观测点转移时，队伍又会拉得很长。这样给讲课带来很大困难，也浪费时间。因此大家一定要听从老师指挥，行动迅速，队伍集中，观察时抓紧看，转移时不拖泥带水。

(3) 离开队伍要请假。集体转移时，经常会有个别同学落下而与队伍脱节，甚至丢失。所以某个同学有事离开集体一定要向老师、班组长报告或告诉其他同学，让其他人知道你的去向。

(4) 认真听讲和记录。同学在野外感到很新鲜，学习气氛又比较松散，如果不能很好地约束自己，就不能达到实习效果。在野外应当始终围绕在老师周围多听、多问、多记，才能写出一份合格的实习报告。

(5) 开动脑筋，练就一双"地质眼"。野外的地质现象丰富多彩，正是同学们将课堂知识用于实际的大好机会。提出问题，用学过的知识综合分析问题、解决问题，不但报告写得好，甚至可以在学术刊物上发表科研论文。

(6) 增强动手能力。不仅要动脑，还要动手。熟练使用罗盘、采集合格标本、正确辨认化石、实测剖面等，都可以训练我们的基本技能。可以对学生提出一定的要求，如采集规定的岩石标本，返校后交实验室作为评定成绩的依据之一。好的标本留在实验室使用，给采集人一定的鼓励。

(7) 注意安全。野外工作安全是第一位的。行车要注意安全，考察也要注意安全。实习经常爬山，悬崖峭壁处尽量不去，必须去时应格外小心。爬山时前面的同学避免蹬下脚下的石头，以免砸伤下面的同学。在山上不要随便打闹。采集标本时一只手敲打岩石，另一只手要在前面护着，以免崩到周围同学，其他同学也不要站在采集点的前面。

(8) 爱护庄稼。无论行走、讲解、观察时都要留心脚下，不要损坏庄稼。不要贪近路从庄稼地里走。

(9) 不要破坏文物和景点。实习点由于特殊的地质现象和自然景观因而经常是当地的景区，在这些地方实习要特别谨慎。在景点和文物（如石碑）上不要敲打或采集标本。

(10) 精心使用和保管好实习工具和仪器。带出去的实习用具要登记，实习结束后如数交回。实习过程中仪器要有专人保管，每次用完后都要交还保管人。实习用具若有丢失和损坏要赔偿。

(11) 不要丢失保密资料。实习带出的资料有些是保密的，如地形图。保密资料必须精心使用和由责任心强的人保管，保密资料丢失要受处分。

(12) 团结互助。外出实习更能表现出学生的班风和学风。譬如出发乘车时，身体好的同学要让晕车的同学先上，男同学要让女同学先上。爬山时要相互照顾。

(13) 尊敬老师和司机。老师和司机一般年龄大，责任也大，实习中格外辛苦一些。同学应体谅和照顾他们，保证实习顺利进行。对从校外请来的指导教师更要特别尊敬。

(14) 注意当代大学生的形象。在外面更要注意"五讲四美"，不要做出有损于学校声誉的事。一举一动都要体现大学生的良好素质。穿着要得体，适合野外工作。

(15) 遵守地方法规。每到一个地方都应遵守当地的规章制度，特别像景区和军事驻地等特殊区域。冬天应当注意防火。

(16) 写好实习报告。

二、野外地质调查的基本方法及技能

(一) 野外地质调查的基本方法

1. 填图路线与观察点的布置原则和方法

(1) 填图路线的布置。地质填图中观察路线的布置，要以地质条件的复杂程度和要解决的主要地质问题为依据，在充分利用遥感图像资料解译的基础上，按照不同基岩出露情况和穿越条件进行布置。一般按穿越路线、追索路线或两者相结合的方法进行。

①穿越路线：基本上垂直于地层（或地质体）、区域构造线的走向布置填图路线。在观察路线上测制地质剖面、观察描述和素描各种地质现象并标定地质界线，路线之间用内插法或V字形法则标定地质界线。穿越路线的优点是容易查明地层和岩石的顺序、上下之间接触关系、地质构造的基本特征，且工作量较少。缺点是难以了解两条路线之间的地质构造情况。

②追索路线：沿地质体、地质界线或构造线的走向布置填图路线。主要用于追索特定的地层层位（如化石层、含矿层、标志层）、接触界线和断层等。可以详细地研究地质体的横向变化，是准确查明接触关系、断层及地层含矿特征的有效方法。

在野外实际填图过程中，两种方法需要灵活使用，必要时可结合起来布置路线。一般说来，对于露头良好的地段，以穿越路线为主并辅以追索路线；露头不好或较复杂的地区要有针对性地布置追索路线。

(2) 观察点的布置和标测方法：

①观察点的布置原则：观察点的作用在于能准确地控制地质界线或地质要素的空间位置。其布置原则是能有效地控制各类地质界线和地质要素。一般在地层的填图单位界线、标志层、化石点、岩性明显变化的地点，侵入体的界线、接触带等，节理、劈理、片理、断层和褶皱等构造要素的观测和统计地点，矿化蚀变带、矿体（矿点）等，岩性及产状控制点和各类采样点等均应有观察点控制。观察点布置密度应依据地质条件的复杂程度而定，不能平均等距离地布置，否则将会漏掉一些有重要地质意义的观察点，以及布置一些无效的观察点。

②观察点的标测方法：在地形图上标定观察点的位置必须力求准确。当地形地物标志明确时，可直接目测标定点位；当微地形特征不明显时，则可利用地质罗盘仪测量观察点与已知地形控制点（山头、村庄等）的方位关系，用后方交会法确定位置。后方交会法一般应三点交会，其方位线间的夹角应大于45°，以减小误差。如三线相交不在一点，出现视差三角形，则以三角形的重心做点位。如果有GPS仪，就可以更精确地定位了。

2. 地质路线观察的程序和编录要求

(1) 地质路线观察的一般程序：①标定和描述观察点的位置；②研究与描述露头的地质地貌特征；③测量和标定地质体的产状要素及其他构造要素；④采集标本和样品，并标绘在手图和信手剖面图上；⑤向两侧追索和填绘地质界线；⑥沿途连续观察和描述，并测绘路线剖面图（信手剖面图或素描图）。

(2) 路线观察的编录要求。在野外工作过程中，应将观察到的各种地质现象准确、清楚、系统地记录在专用的野外记录簿上（简称野簿）。野外记录是地质人员最宝贵的原始资料，是野外地质工作的成果，也是地质工作一切结论的基础。野外记录的质量直接关系到地质工作的质量，反映了地质人员的工作和科学态度。因此，要求记录认真、态度严谨、格式通用、言语准确、字迹清楚。野外记录的内容包括：

①文字记录：在野外把所观察到的地质内容按一定规格用铅笔（2H）记录在野簿的右页上。野簿记录除自己看外，还要供他人查阅，是一个地区最原始的地质资料，这完全不同于上课笔记或读书笔记。为便于大家都能看懂记录，除文字清晰外，还要按一定格式记录，记录项目有日期、天气情况、地点、观察路线及其编号、路线的起点、终点和经由地点、任务、人员、使用的地形图编号、观察点号、位置、意义、观察内容、各种测量数据、样品编号、照片编号、路线小结等。其中，路线号、点号、样品号、照片号等应做到统一、顺序编录。对文字记录特作如下要求：

a. 文字记录必须在野外当时完成，不能在室内想像或追忆记录。记录内容必须是自己观察到的地质现象，绝对不允许抄别人野簿的内容。

b. 记录要认真，文字清晰，条理清楚，格式正确。

c. 只能用铅笔（最好是2H），不能用其他笔记录。

d. 记错的地方可用铅笔删掉或改正，不能用橡皮擦掉重新写，绝对不能撕掉废页。上交野簿时，要页码齐全，不能缺失。

e. 野簿是专供记录野外地质现象之用的，除记录与地质有关的内容外，不得记录任何其他内容。

f. 野簿用毕（工作结束），上交所在单位或主管部门保管，不能遗失。如果遗失必须马上报告老师或主管单位。

g. 记录产状要素要另起一行，并用一定的符号表示，如面状地质要素产状表示为：$200°\angle 25°$。

②图件记录及拍照：各种地质信手剖面图、地质素描图等绘在野簿的左页（厘米纸）上，是为了配合文字记录而进行的。在野外，有些现象较难用文字表达清楚，这时为了更清晰、更形象地把所观察到的地质现象表示出来，可采用图示来表示其内容。图示能起到简洁、直观、明了、形象地说明地质内容的作用，使阅读者能较快地、正确地理解记录者所表示的内容，建立空间概念，这些特点都优于文字记录，有时也优于照片。图件的类型有多种，可根据需要绘制不同的图件。地质认识实习常用的有：a. 素描图；b. 平面示意图；c. 地质信手剖面图。无论哪种图件，它们都必须具备以下内容：图名、比例尺、方位、图例及所表示的地质内容5个部分。作图要求图面内容正确、结构合理、

线条均匀、清晰、整洁美观。

　　a. 素描图：是把在某点观察到的典型且重要的地质内容形象、真实地描绘出来的图件。地质素描图类似于照片，但又不同于照片，照片是纯直观的反映，不分主次，而地质素描图则可突出重点，去掉一些次要部分或干扰因素，观察者可以根据需要取舍，使图面简洁、明了、形象。作图的步骤是：(a) 选取地质内容；(b) 确定素描图的方位；(c) 根据要求确定比例尺；(d) 按实际的相对位置勾画地质内容；(e) 标出图名、图例等。

　　b. 平面示意图：是把地质现象垂直投影到水平面而绘制的图件。在平面图上表示地质内容的相对位置关系。做法是：(a) 选取图面范围（按表示地质内容的要求确定）；(b) 确定比例尺；(c) 勾画地质界线；(d) 标出方位、图名、图例、地物名称等。

　　c. 地质信手剖面图：是把在某一条路线上所观察到的地层、地质构造及地层接触关系等地质现象实事求是地反映在地形剖面图上的图件。剖面图上地质内容的相对位置是目估或步测的，而不是实测的，故称信手剖面图。但图中所反映的地质现象必须是正确、真实的，不可虚构。可以简化复杂的地质现象，把主体内容表示出来，删去次要的内容，使图面更清晰。做法是：(a) 确定剖面线（基线）方位，一般要求与地层走向线或地质构造线垂直；(b) 确定比例尺，根据实际剖面的长度，选择适当的比例尺，以便绘出的剖面图不至于过长或过短，同时又能满足表示各种地质内容的需要，使图面美观；(c) 按选取的剖面方位和比例尺勾绘地形轮廓（地形线），可根据地形图上的等高线和剖面线的交点分别按高程及水平距离投影到方格纸（野簿的左页）上，然后把各相邻点按地形实际情况连接起来，即成地形线（地形剖面）；(d) 将各项地质内容按要求所划分的单元及产状用量角器量出，投在地形剖面（地形线）相应点的下方（即地质界线与地形线的交点），画地质界线的产状必须用量角器量，如某一地质界线的产状为 $270°\angle 60°$；(e) 用各种通用的花纹和代号表示各项地质内容；(f) 标出图名、图例、比例尺、剖面方位及剖面上的地物名称。

　　对于有重要意义和代表性的地质现象除要求图件记录外，还应尽量进行拍照，可作为素描图的必要补充。对野外拍摄的地质照片也应进行详细的编录，在记录本或照片登记册中标明照片编号、拍摄地点和方位、摄影参数及拍摄的地质内容。

　　(3) 室内整理。在野外记录的内容（文字、图件、照片等）回到室内要进行整理。原则上文字不能改动，只是由于下雨等种种原因，未来得及记录的内容回到室内可以根据当天采回的标本或回忆加以补充，或者对一些记错的内容加以改正，但必须加上"补充"和"批注"等字样，以免与野外记录相混淆。野簿上的图件要清绘上墨，方法是：用绘图笔沾绘图墨水或碳素墨水按野外用铅笔画好的线条逐一上墨，补充未完成的内容（如图例、图名等）。

3. 标本和样品的采集送样　在野外，除认真观察地质现象、做记录外，还需采集标本，这也是野外地质工作的一项重要内容。有时由于时间及条件所限，需采集标本回室内进一步观察；或者某些重要、典型的地质现象需采标本保存，用实物供他人检查、参观，或者在地层剖面上为了达到某一目的和要求需逐层采集标本。

（1）标本和样品的采集原则。标本种类很多，如岩石标本、构造标本、矿物标本、化石标本等，无论是采集何种标本，其共同要求是：①具代表性；②标本新鲜、未风化；③标本编号。低年级学生主要是采岩石标本。一般在不同的岩性层中都要采集，以便在室内观察、分析、定名等。在地质剖面中，常按地层分层进行采集，从下到上从早到晚逐层采集和编号。编号可按不同性质的标本、不同观察点或某个剖面进行，在标本上用记号笔写上编号或在标本上贴橡皮胶再用圆珠笔标明编号，同时在野簿上记录标本采集的情况，编号不能重复。

（2）标本和样品的采集方法：

①采集标本的规格以能反映实际情况和满足切制光片、薄片及手标本观察需要为原则。代表测区岩石、地层单位的实测剖面上的陈列展示标本，一般规格要求是：长9cm、宽6cm、厚3cm，岩矿鉴定标本可适当减小。对于矿物晶体、化石、反映特殊地质构造现象的标本，可视具体情况而定。

②定向标本：要求在露头上选择一定的平面，用记号笔画上产状要素符号（如→125°），然后再打下标本。为保证标本上有定向线，可在定向面上多画几条平行的走向线，以便敲下标本后，据以描绘产状。定向标本一般不必整修。

③岩石全分析样品：应选择新鲜、未风化、无污染的岩石露头采集。对侵入岩可根据不同单元采集。对沉积岩，应垂直于地层、厚度连续打块，或按一定网络打块，然后合并为一个样。样品重量一般不少于2 000g。采集全分析样品应同时采集岩石标本、薄片、微量元素样和稀土元素样。

④微量元素样、稀土元素样采集：应采集新鲜、未风化、未污染、有代表性的岩石作为样品。

⑤其他样品采集：需根据设计和相应样品的测试要求，按照一定的规格、数量和方法，采集符合质量的样品进行测试鉴定。

（3）样品及标本的编录和整理：

①采集各种标本和样品均应有原始记录资料，同时在相应的图件文字登记

表格上注明采样位置、编号，并填写标签包装，按类别、系统分别装箱，放入清单、送样单、及时送出。

②作岩矿鉴定的标本要涂漆上墨编号。

③对返回的测试鉴定报告，应及时整理、编录、分类清理，决定采纳取舍，并反馈到相应的样品标本登记表、送样单、野外记录、样品分布的各种实际材料图、剖面图、柱状图上。

④对于与野外认识有较大分歧的分析鉴定结果，室内也无法协调统一时，应及时向有关负责人汇报，研究处理，复查原因。

⑤送出分析鉴定及磨片加工的标本样品都要分类填写送样单，一式3份，其中1份自留，作编录底稿，1份送分析及加工单位，1份随样品标本箱。

⑥对制作薄片、光片、定向切片的标本，需在标本上画上切制部位和方向；送出鉴定和加工的片子，必须在送样单上逐项填写要求和鉴定加工项目。

⑦要及时对标本样品的鉴定测试结果进行分析研究，与野外观察描述、各种图表及编录登记进行核对。

（二）野外鉴定三大类岩石的基本方法

岩石是由一种或几种矿物或碎屑物质组成，具有一定结构、构造的集合体。根据成因可分为岩浆岩、沉积岩和变质岩三大类，地表出露的岩石中以沉积岩最多。在野外观察和描述地质现象时，首先必须识别构成各种地质现象的岩石类型，识别得正确与否将会影响到后面一系列工作的进行，所以常常把三大岩类的野外鉴定方法作为一项重要的实习内容来训练。对于地学工作者来说，在野外能否正确鉴定出各类岩石是非常重要的，也是最基本的、必备的技能。由于在野外鉴定岩石受手段的限制，要鉴定出每块岩石的确切名称是很困难的，尤其是对于低年级学生就更难了。但只要掌握一些基本方法和规律，主要大类的区别还是较容易的。通过野外实习，学生必须达到在野外较熟练地区分三大岩类和识别一些常见岩石的要求。

在野外鉴定岩石名称可按下列步骤进行：①观察岩石的总体外貌特征（岩石的构造），初步鉴别出属于三大岩类的哪一类；②借助放大镜、小刀，观察岩石的物质成分（矿物、碎屑物、胶结物）；③根据岩石的结构特征定出次一级岩石类型；④根据岩石的产出状态定出岩石的大体名称。如在野外某一地点所观察到的岩石在外貌上成层性很好，发育层理，从而可确定为沉积岩；岩石由碎屑物和胶结物组成，可知是碎屑沉积岩；碎屑物主要为石英、长石，岩石具粗粒结构，所以岩石的名称应定为粗粒长石石英砂岩。

常见的岩石分类为：

沉积岩：

陆源碎屑岩——砾岩、砂岩、粉砂岩、泥岩、页岩。
内源沉积岩——化学岩、生物化学岩。
化学岩——石灰岩、白云岩、硅质岩。
生物化学岩——生物碎屑岩、礁灰岩。
岩浆岩：
深成岩——橄榄岩、辉长岩、闪长岩、花岗岩。
浅成岩——辉绿岩、闪长玢岩、花岗斑岩。
喷出岩——玄武岩、安山岩、流纹岩。
变质岩：
区域变质岩——板岩、千枚岩、片岩、片麻岩。
接触变质岩——大理岩、石英岩、角岩。
动力变质岩——糜棱岩。
混合岩化变质岩——混合岩。

1. 沉积岩 沉积岩是指地表或接近地表的原有岩石，在常温、常压条件下，由风化作用、剥蚀作用、生物作用产生的物质经搬运、沉积和成岩作用形成的岩石。主要分布于地表或近地表。沉积岩主要分布在地表，占地表出露三大类岩石的 75%，是地表最常见的岩石。

(1) 沉积岩的特点：

①具有明显的成层性，一层层叠置在一起，这一特征是沉积岩的层理构造。它与岩浆岩的块状构造、变质岩的片状构造有很大的差别。这也是野外鉴定沉积岩的主要标志。

②沿垂直层理方向，组成岩石的物质成分常有规律地变化，有时相同的物质组分会相间出现，组成多个沉积韵律。

③常发育一些沉积构造，如交错层理、水平层理等，以及一些层面构造，如雨痕、龟裂、波痕等。

④在碎屑沉积岩中，物质成分可分为两部分，即碎屑颗粒和胶结物。碎屑颗粒常是一些较稳定的矿物，如石英、长石、白云母等，或者是岩石碎屑，而且他们一般都具有一定的磨圆度。充填于颗粒之间的胶结物很细，肉眼看不见颗粒大小，只见碎屑颗粒表面包有一层细物质，其成分不同于碎屑颗粒，主要有铁质、钙质、硅质、泥质等。

⑤化学沉积岩通常颜色较深，肉眼见不到矿物颗粒，致密块状构造。

⑥常含有生物化石或遗迹化石。

⑦在地貌上，沉积岩出露地区常由陡壁和缓坡构成，并相间出现，沿层面方向形成缓坡。

(2) 主要沉积岩的野外观测：

①碎屑岩类：

a. 碎屑岩分类：碎屑岩一般由碎屑颗粒、基质、胶结物和孔隙等4部分组成。碎屑颗粒的大小（粒级）和成分决定了岩石的基本特征，是碎屑岩分类的主要依据。为了便于野外应用，采用表2-2-1中的简易划分方案。根据碎屑粒级的不同，可把陆源碎屑岩分为砾岩及角砾岩、砂岩、粉砂岩和泥质岩4大类。其中砂岩又可进一步划分为粗砂岩、中砂岩和细砂岩3种基本类型；粉砂岩又可划分为粗粉砂岩和细粉砂岩。根据碎屑物成分及相对含量可进一步划分砂岩（表2-2-2）。

表2-2-1　碎屑岩粒度结构及命名表

粒度（mm）	结　　构	岩石名称
＞2	砾状结构 角砾状结构	砾岩 角砾岩
2～0.5 0.5～0.25 0.25～0.05	砂状结构	粗砂岩 中砂岩 细砂岩
0.05～0.025 0.025～0.005	粉砂结构	粗粉砂岩 细粉砂岩
＜0.005	泥质结构	泥质岩

表2-2-2　砂岩的碎屑成分及命名

岩石名称	石英含量（%）	长石与岩屑的相对含量
石英砂岩	＞95	
长石石英砂岩	95～75	长石＞岩屑
岩屑石英砂岩	95～75	岩屑＞长石
长石砂岩	＜75	长石＞岩屑
岩屑砂岩	＜75	岩屑＞长石

b. 碎屑岩的野外观测：

碎屑岩的成分：对于单成分砾岩，由于砾度粗大，砾岩成分比较容易确定。对于复成分砾岩，可以采用统计的方法来确定砾岩的成分；对于砂岩要判断是单矿物的石英砂岩，还是复成分的长石石英砂岩、岩屑砂岩或杂砂岩等。

碎屑岩的结构：碎屑岩的结构包括颗粒性质、形态、大小及其相互关系。碎屑颗粒的形态可用棱角状、次棱角状、次圆状、滚圆状加以描述（图2-2-1）；颗粒之间的相互关系可以通过胶结类型反映出来，碎屑胶结类型主要由碎屑颗粒与填隙物的相对含量和相互间的关系决定。

碎屑岩的沉积构造：其内容非常丰富，包括测量层系、层系组厚度、细层厚度、交错层细层最大倾角、倾向及层系组的产状，并确定古流向；确定是交错层系（层系厚度＞3cm）还是交错纹理（层系厚度＜3cm），研究它们的各种特征。

古流向测量：反映古流水特征的标志主要有交错层理和顶底面构造，包括槽模、沟模、流水波痕、冲蚀槽以及碎屑颗粒与化石优选方位等。

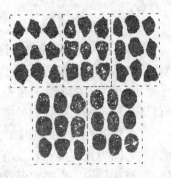

图 2-2-1 碎屑颗粒的圆度类型

②碳酸盐岩类：

a. 碳酸盐岩分类：碳酸盐岩分类首先是按矿物成分含量分为石灰岩、白云岩两个基本类型和其间的过渡类型（表 2-2-3）。

表 2-2-3 碳酸盐岩类中方解石和白云石的含量及岩石命名

岩石名称	方解石含量（%）	白云石含量（%）	滴稀 HCl 反应
石灰岩	100～95	0～5	剧烈起泡
白云质灰岩	95～50	5～50	中等起泡
灰质白云岩	50～5	50～95	微弱起泡
白云岩	5～0	95～100	不起泡

石灰岩、白云岩及其过渡岩石还需要根据结构—成因作进一步的划分。在野外研究的基础上，室内再根据颗粒类型和结构等加上必要的修饰词更精确地命名。

b. 碳酸盐岩的野外观测：主要内容包括岩石的颜色、单层厚度、岩石中所含颗粒与灰泥的相对含量、颗粒类型与含量、生物扰动程度及特点和其他沉积构造及层序特征。

含非生物碎屑颗粒的碳酸盐岩：非生物碎屑颗粒主要有外来碎屑、内碎屑、灰泥、鲕粒及球粒与类球粒等。野外要调查碳酸盐岩的内碎屑（砾屑、砂屑、团块）含量、形状、大小、成分与内部构造、磨圆度及分选、排列方式、有无氧化圈及填隙物的性质特征；要调查含鲕碳酸盐岩的鲕粒含量、形状、大小和填隙物的性质及特点。

含生物碎屑的碳酸盐岩：生物碎屑和生物化石是碳酸盐岩最重要的造岩组分之一，因此遇到时要详细观察和采样。野外主要调查化石组合特征、成岩作用和化石或生物碎屑的分布特征。

2. 岩浆岩 岩浆岩是由岩浆或熔浆冷凝结晶或由火山碎屑颗粒堆积而成的岩石。

(1) 岩浆岩的特点：

①侵入岩无层理现象，具块状构造。喷出岩多具气孔、杏仁、流纹等构造。这些构造是岩浆岩区别于其他岩石的重要特征。

②组成岩石的矿物较复杂，既有稳定的矿物，如石英、长石，又有在地表条件下不稳定的矿物，如橄榄石、辉石、角闪石、黑云母。

③矿物颗粒不具磨圆度，具有特定的晶形。在深成岩中，全晶质结构，矿物颗粒之间为直接接触，没有像"胶结物"之类的物质。在喷出岩中，具斑状、似斑状结构，斑晶常保存矿物自身的形态（棱角明显），完全不同于沉积岩的碎屑颗粒具有磨圆性；基质为隐晶质、显晶质或非晶质，其成分与斑晶基本相同。

④侵入沉积岩中的浅成岩，在产状上可与沉积岩一致或不一致。当不一致时，如岩墙，浅成岩很易鉴别出来。当一致时，如岩床、岩盘等，可根据矿物成分、结构、构造等特征加以区分。

⑤岩浆岩中不含生物化石。

⑥在地貌上，如果没有构造的影响，它常形成波状起伏的地形，而不会出现像沉积岩地区的陡壁和缓坡相间排列的现象。

(2) 侵入岩的野外工作方法：

①侵入岩的分类和命名：在岩浆岩中，侵入岩占了相当大的比例。侵入岩的分类和命名是侵入岩研究的基础，必须熟练掌握。关于侵入岩的分类命名方案较多，其分类命名的原则和标准不同，但首先应掌握分类命名的一般方法。

a. 侵入岩的野外正确命名：侵入岩的命名首先应根据野外产状、岩石的结构和构造区分出岩石的主要类型；其次，要根据岩石中所含矿物的颜色、晶形、解理等鉴定出主要造岩矿物的种属及含量，据此确定岩石基本类型。野外定名时，应掌握好以下几方面的标志：石英的有无及含量；钾长石、斜长石的有无及含量；暗色矿物的种属及含量；白云母的有无及含量；副长石[①]的有无及含量；对于斑状结构的岩石，要特别注意斑晶种属和含量。

野外鉴定岩石时，应先观察其色率（即暗色矿物的体积百分数）。岩石颜色的深浅是暗色矿物和浅色矿物相对含量的反映，因此根据岩石颜色的深浅就

---

① 副长石：又称似长石类矿物，硅酸盐类矿物白榴石、霞石的合称。这两种矿物的化学成分与长石相似，但 SiO_2 含量较少。副长石矿物是在富碱而贫 SiO_2 的条件下产生的，是碱性岩浆岩的典型矿物。

可大致确定岩石的属性,由浅到深依次为酸性岩、中性岩、基性岩、超基性岩。在鉴定矿物成分和含量时,一般先观察铁镁质矿物,后观察长英质矿物。观察长英质矿物的顺序是先石英及其含量,然后是长石的有无和钾长石、斜长石的相对含量。对矿物成分进行描述,应先描述斑晶,后描述基质,并估算它们的百分含量。

b. 侵入岩结构、构造的观察:

(a) 岩石的结构:根据不同的划分原则把侵入岩的结构进行分类。

按矿物的结晶程度划分:根据结晶程度,岩石的结构可分为全晶质结构、半晶质结构和玻璃质结构。侵入岩一般是全晶质结构,即岩石全部都是由矿物的晶体所组成的一种结构,如花岗岩。

按矿物的晶粒大小划分:按绝对大小可分为粗粒结构(粒径>5mm)、中粒结构(粒径 5~2mm)、细粒结构(粒径 2~0.2mm)、微粒结构(粒径 0.2~0.1mm)。颗粒直径>10mm 者,可称巨晶、伟晶结构。

按矿物颗粒相对大小可划分为等粒结构、不等粒结构、斑状及似斑状结构。

按矿物的自形程度划分:根据矿物的自形程度,可分为自形结构、半自形结构、他形结构。

在野外实际观察描述时,可以结合起来使用,例如全晶质半自形不等粒结构。

(b) 岩石的构造:侵入岩的构造是指岩石中不同矿物集合体之间、岩石的各个组成部分之间的排列方式及充填方式。块状构造是侵入岩最常见的构造。此外,侵入岩常见的构造还有斑杂状构造、条带状构造。

综上所述,岩石的结构表现岩石组成个体的特征,而岩石的构造则表现岩石整体外貌的特征。它们都是岩石形成环境的反映。

②侵入岩的野外研究方法:

a. 深成岩体规模的研究:

(a) 深成岩体的规模:以前所划分的深成岩体的规模有时可达 $1\,000 km^2$,但实际往往是多期的,是由几次岩浆脉动侵入形成的,而每次岩浆侵入形成的岩体的规模是有限的,一般为几百至几十平方公里不等。野外研究首先要查明深成岩体的规模大小。

(b) 深成岩体的产状和组合类型:

深成岩体的产状:根据深成岩体的大小、形状、与围岩的关系和所处的地质构造环境可分为岩基、岩株、岩钟、岩床、岩席、岩枝和岩墙等几种类型。

深成岩体的组合类型一般可分为:①简单深成岩体,由一次脉动侵入形成的侵入体组成；②复杂深成岩体，由多次脉动上侵形成的侵入体组成；③复式深成侵入杂岩体，由性质不同的各种深成岩体组成；④叠加复式深成侵入杂岩体，由不同构造旋回的一系列深成岩体组合而成。

b. 深成岩体与围岩接触关系的研究：其主要目的是确定岩体产状、成因、形成时代等。接触关系有 4 种情况：侵入接触、混合交代接触、断层接触和沉积接触。

侵入接触是岩浆侵入围岩而形成的接触关系，说明岩体形成时代晚于围岩。其主要标志有：（a）大多数岩体边部粒度变细，具冷凝边；（b）岩体边部常有围岩的捕虏体；（c）接触带不平整，有与岩体有关的岩脉、矿脉穿入围岩；（d）岩体边部的流动构造大多平行于接触面；（e）围岩有热接触变质现象或交代蚀变现象；（f）有些围岩的产状和构造形态受到岩体的干扰和破坏。

断层接触的主要标志有：（a）沿接触带岩体和围岩有挤压、破碎痕迹，甚至形成断层角砾岩带、糜棱岩带；（b）伴随破碎的同时有各种蚀变或矿化作用，如绿帘石化、绿泥石化、绢云母化、硅化等；（c）接触较平直，围岩可切过岩体的不同相带，或切过流动构造等。

沉积接触最重要的标志是：接触岩体的沉积岩层的碎屑成分中，总含有侵入岩风化后形成的颗粒。

3. **变质岩**　变质岩是由原岩经变质作用形成的，因而在岩石的成分及结构、构造方面都比较复杂。

（1）变质岩的特点：

①具有一些特征构造，如板状构造、片状构造、片麻状构造等，矿物常具定向排列。

②具有一些特殊的变质矿物，如绢云母、红柱石、石榴子石等。

③不同类型的变质岩在分布上具有一定的规律性。接触变质岩分布于岩浆岩与围岩的接触带上；动力变质岩沿断裂带分布；区域变质岩大面积分布，与大地构造单元的类型相关。

（2）变质岩的主要类型和命名：

①变质岩的类型：变质岩的矿物成分、化学成分、结构构造和岩石组合特征，显示了原岩类型和变质时的地质环境。为此，变质岩的分类和命名必须兼顾上述 3 个方面的因素。一般按变质作用的类型划分为：区域变质岩、接触变质岩、动力变质岩和混合岩。

②野外命名的简单方法：

变质岩命名的一般格式是：附加名词＋基本名称。

基本名称反映了变质岩的基本特征，主要是矿物成分及组合、结构、构造。作为变质岩的基本名称，一般包括：

a. 构造或形态，如动力变质岩和大多数区域变质岩中的片岩、片麻岩及糜棱岩、碎斑岩等均采用这个习惯命名。

b. 变质作用的地质环境，如接触变质岩中的角岩、矽卡岩和混合岩等。

c. 矿物成分或矿物组合，如透辉岩、透辉方柱岩等。

附加名词则用来说明基本名称的某些重要特征，包括：

a. 含量＞5％～10％的造岩矿物的含量。

b. 特征的变质矿物如石榴子石、矽线石、蓝晶石、红柱石、堇青石、蓝闪石和硬玉等。

c. 特征或醒目的结构和构造。

d. 某些有意义或贵重的矿物，如刚玉、绿柱石、铬铁矿等。

e. 某些特殊的颜色等。均可按含量或比重酌情参加命名。

叠加变质岩一般有两种办法，一是按变质作用发生的序次，新的在前，老的在后，如矽卡岩化透闪片岩，表示接触变质作用叠加在区域变质作用之上；另一办法是按主次关系，以变质岩的现状作为基本名词，次要的作为附加名词，如混合花岗质糜棱岩，表示在原变质岩——混合花岗岩之上，叠加了强烈的动力变质作用，形成了糜棱岩。

野外工作时，选择几种野外容易鉴别的结构构造，结合主要矿物的命名办法是行之有效的。一般说来经常作为岩石名称的构造大致有以下几种：

a. 板状构造——板岩：为轻微变质的泥质、粉砂质和凝灰质岩石显示的一种板状劈理构造。新结晶的鳞片状矿物，如绢云母、绿泥石等在劈理面上平行定向排列，致使板理整齐、光滑。板理经常切割层理，但也可同层理一致。

b. 千枚状构造——千枚岩：其原岩与板岩相似，但变质程度高于板岩，呈薄片状或千枚状，具丝绢光泽。千枚岩重结晶程度较高，新生云母、绿泥石等在放大镜下可以辨认，并彼此平行定向排列，构成细而薄的片理或皱纹状片理。

c. 片状构造——片岩：泥质、砂泥质、凝灰质及各种成分的火山岩变质后形成的片状岩石，具有较强的珍珠光泽，主要造岩矿物肉眼可以鉴定。新生的片状、纤维状、柱状矿物平行定向排列，并常聚集成连续的薄层，沿片理容易剥离或击开。

d. 片麻状构造——片麻岩：是含较多粒状矿物的片理构造，新生的粒状长石、石英和片状云母、柱状角闪石、辉石等，各自集结成条纹状、条痕状并相间排列，构成不连续的不同色泽相间的片麻状构造。变质程度高于或相近于片岩。主要造岩矿物结晶较大，肉眼容易辨认。

e. 粒状构造——变粒岩、大理岩、麻粒岩等：富含粒状矿物，不显示定向构造。是砂质、钙质岩石和各种成分的火山岩、凝灰质原岩的变质产物。其主要造岩矿物为长石、石英和方解石等粒状矿物，也可含少量的云母、角闪石、辉石及其他矿物。粒度随变质程度加深而加粗，并可集结成微细薄层相间分布，从而使变粒岩显示一定程度的层状—定向构造。

4. 岩性描述的方法及内容 在野外除记录一些地质现象和认识岩石外，还要对所见到的岩石进行岩性描述，以便自己和他人查阅。岩性描述的常规方法是先外观、后内部，先总体，后局部。要做到观察仔细，描述认真，术语准确。描述内容包括岩石的颜色、主要矿物成分、结构、构造、产出状态及时代。

（1）岩石的颜色。是指岩石的总体外观（新鲜面）的颜色。由于岩石出露地表，经风化作用后，它的表面颜色和新鲜面颜色常不一致，描述时需加以区分，如石灰岩的风化面为白灰色，新鲜面为深灰色。有些岩石由于成分较复杂，颜色也较杂，描述时可以一种颜色为主，前面冠以修饰词，如浅红色、黄绿色、灰黄色等；如果各种颜色平分秋色，可用杂色来形容。描述时还可采用类比法，如橘黄色、砖红色、肉红色等。

（2）岩石的成分。即岩石的物质组成。不同类型的岩石，其物质组成相差很大，如花岗岩主要由钾长石、斜长石、石英、黑云母等组成；石英砂岩主要由石英组成等。无论是何种岩石，野外描述时，除了描述主要矿物名称外，还要描述各种矿物的相对含量。矿物含量的确定，常参照标准含量图进行估测，见图 2-2-2。如花岗岩主要由钾长石（35%）、斜长石（30%）、石英（25%）、黑云母（4%）等组成。在野外，矿物成分的鉴定一般用肉眼或借助于放大镜、小刀、盐酸、条痕板等进行。因而要求学生记住一些常见矿物的鉴定特征，如石英、钾长石、斜长石、角闪石、辉石、黑云母、方解石等，否则在野外要对这些矿物进行鉴定就束手无策了。

（3）岩石的结构。是指岩石的组成部分的结晶程度、颗粒大小（包括绝对大小和相对大小）、形状及其相互间的关系。岩石的结构与成因密切相关，不同成因的岩石具有不同的结构。如碎屑沉积岩具碎屑结构，深成侵入岩具全晶结构，大理岩具变晶结构。

结晶程度是指组成岩石的物质的结晶差异，分为晶质和非晶质，晶质又分为显晶质（肉眼能观察到矿物颗粒大小）和隐晶质（肉眼观察不到矿物颗粒大小）。如深成侵入岩的花岗岩都是由结晶矿物组成的，它是全晶质的；喷出岩的安山岩由部分结晶矿物（斜长石、角闪石）和未结晶物质组成，为非全晶质；黑曜岩由未结晶的玻璃质组成，为非晶质。肉眼区分隐晶质与非晶质的简

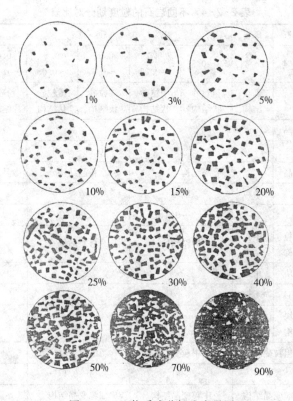

图 2-2-2 物质成分标准含量图

易方法是：隐晶质的岩面表面光泽较暗淡，断面为参差状；而非晶质的岩面表面常呈现玻璃光泽，断面为贝壳状。

形态是指组成岩石矿物的外形，对非晶质就无形态可言了。在碎屑沉积岩中，形态实际上是指矿物或岩屑的磨圆度，描述时，常分四个等级：棱角状、次棱角状、次圆状、圆状。在岩浆岩和变质岩中，常用自形、半自形和他形来描述矿物的形态。自形是指矿物自然结晶的形态；半自形是指矿物部分具自然结晶形态，而其他部分为非矿物的自然形态；他形是指矿物无自然结晶形态。

颗粒大小是指矿物碎屑的粒径。不同类型的岩石划分标准和等级也不一样。表 2-2-4 的结构指的是矿物颗粒的绝对大小，如果岩石以某粒径的矿物或碎屑占绝对优势（>80%），就可以称这种粒径等级的结构了。根据岩石矿物颗粒的相对大小，又可分出等粒和不等粒结构。不等粒结构中，常见的有斑状结构和似斑状结构。沉积岩分选性的差异实际上就表现出等粒和不等粒的特点。

表 2-2-4　不同岩石的粒度划分对比表　　　（单位：mm）

	颗粒	卵石	砾石	砂					黏土
碎屑沉积岩	粒径	>64	2～64	2～0.5	0.5～0.25	0.25～0.1	0.1～0.05	0.05～0.005	<0.005
	结构		砾状结构	粗粒砂状结构	中粒砂状结构	细粒砂状结构	微粒砂状结构	粉砂状结构	泥质结构
碳酸盐岩	颗粒	砾晶	砂晶		粉晶		微晶		泥晶
	粒径	>2	2～0.06		0.06～0.03		0.03～0.004		<0.004
	结构	砾晶	砂晶结构		粉晶结构		微晶结构		泥晶结构
岩浆岩	颗粒	粗粒	中粒		细粒		微粒		隐晶
	粒径	>5	5～2		2～0.2		0.2～0.1		<0.1
	结构	粗粒结构	中粒结构		细粒结构		微粒结构		隐晶结构
火山碎屑岩	颗粒	集块	角砾		凝灰				尘灰
	粒径	>64	64～2		2～0.0625				<0.0625
	结构	集块结构	角砾结构		凝灰结构				尘灰结构
变质岩	颗粒	粗粒变晶		中粒变晶		细粒变晶		显微变晶	
	粒径	>3		3～1		1～0.1		<0.1	
	结构	粗粒变晶结构		中粒变晶结构		细粒变晶结构		显微变晶结构	

（4）岩石的构造。对于岩浆岩和变质岩，如果矿物在岩石中均匀分布，就称为块状构造。在沉积岩中常见的有层理构造和层面构造，根据每个单层的厚薄，又可进一步划分出巨厚层（>1m）、厚层（1～0.5m）、中层（0.5～0.1m）、薄层（0.1～0.01m）等；火山岩常见的有气孔构造、杏仁构造、流纹构造；变质岩有片理构造。

（5）岩石的产出状态。是指岩石的空间位置。岩浆岩的产出状态分为深成侵入体（岩基、岩株）、浅成侵入体（岩床、岩盘、岩鞍等）、喷出岩（岩钟、熔岩瀑布等）。沉积岩和变质岩的产出状态即指产状。

（6）岩石的时代。即岩石的形成时代。对于沉积岩，它产于哪个时代的地层中，地层的时代就是岩石的形成时代。若是岩浆岩，可根据它与围岩的侵入接触关系、同位素测年或区域资料来确定时代。

5. 岩石描述实例

（1）岩浆岩描述实例：

①黑云母花岗岩（北京阳坊）：岩石较新鲜，呈浅肉红色，中粗粒结构，

块状构造。主要由钾长石、斜长石、石英及少量黑云母组成。长英质矿物含量占90%以上,其中钾长石呈浅肉红色,板状,外形不规则,颗粒大小为2mm×3mm,含量约45%;斜长石为浅灰色,板状,自形程度较好,颗粒大小为2mm×2.5mm,含量约20%;石英呈灰色,半透明,他形粒状,含量>25%,粒径为2~3mm。暗色矿物主要为黑云母,呈鳞片状,黑褐色,含量<10%,有的已蚀变为褐色的蛭石或绿泥石。副矿物为楣石和磁铁矿,含量甚微,约<1%。

定名 黑云母花岗岩

②伊丁石玄武岩(南京方山):岩石呈灰黑色,具斑状结构和气孔构造。斑晶主要为伊丁石,棕红色,玻璃光泽,大小为1~2mm,系橄榄石蚀变产物,含量约10%。基质为隐晶至微粒结构,可见细针状灰白色斜长石微晶,在暗淡的基质中以其较强的玻璃光泽显现出来。气孔构造,多呈圆形或椭圆形,孔径为5~6mm,孔壁光滑。有的气孔充填有方解石,形成杏仁体,略呈定向排列。

定名 伊丁石玄武岩

③凝灰岩(河北宣化):岩石呈灰绿色,块状构造,具凝灰结构,主要由灰绿色火山灰和部分晶屑组成。岩屑成分不易分辨,黑色的可能为燧石,灰色的可能为灰岩,含量约为5%;晶屑由无色透明的具玻璃光泽和清晰解理的透长石和烟灰色具油脂光泽的石英组成。偶见黑云母小片。晶屑呈不规则的棱角状,大小为1~2mm,含量约为20%。岩石滴盐酸剧烈起泡,表明有次生的方解石。

定名 晶屑凝灰岩

(2)沉积岩描述实例:

①海绿石石英岩状砂岩(河北唐山):岩石为灰绿色,风化面为灰黄色。绿色是因岩石中含较多的海绿石而显现的,故绿色为自生色。岩石标本上可见较清晰的平行层理,小层厚度约为3~10mm,它是由于各小层中含海绿石数量多少不同而显现的,含海绿石较多者绿色显著。中粒砂状结构,颗粒大小较均匀,分选好,圆度中等。碎屑成分几乎全部由石英组成,含量在98%以上,只有极少量的长石和燧石碎屑,含量共计不到2%。石英为灰色,有的因氧化铁浸染而呈灰黄褐色。长石灰色、有解理;燧石为黑色、隐晶质结构。胶结物为硅质和海绿石,硅质胶结物看来已全部结晶为碎屑石英的次生加大边,故在石英碎屑颗粒之间分不出碎屑物和胶结物的界线,但石英颗粒之间胶结得极为坚固紧密。除硅质外胶结物中还有海绿石,鲜绿色,呈不规则状充填于石英颗粒之间,在岩石中分布很不均匀,部分因已遭受风化而成为褐铁矿,含量约

5%。硅质胶结物含量无法估计。岩石风化面因海绿石氧化成高价铁的氧化物并浸染碎屑颗粒而成灰黄色。岩石坚硬，孔隙很少。

定名　海绿石石英岩状砂岩

②鲕粒亮晶灰岩（山东张夏）：岩石为灰紫色，块状构造，鲕粒结构。粒屑组成主要为鲕粒，含量约占整个岩石体积的60%，未见其他粒屑。鲕粒断面为圆状或椭圆状，大小均匀，一般为1～2mm，紫红色，具明显的同心层状构造。鲕粒中心有核心，核心为粗粒方解石晶体，灰色，边缘较规则，可能为棘皮动物的碎屑。鲕粒的同心层部分由淡紫红色的微晶方解石组成，致密。胶结物为灰白色、颗粒较粗的亮晶方解石，放大镜下可见晶粒轮廓，大小约0.03～0.1mm，亮晶方解石含量约40%。

定名　鲕粒亮晶灰岩

③蒙脱石黏土（河北宣化）：浅红色或灰白色，断口不很细腻，略有滑感。固结程度低，质较疏松。在水中易泡软并剧烈膨胀，膨胀后体积比原体积大2～3倍。黏结性不强，有少量次生碳酸盐矿物，遇盐酸起泡，分布不均匀。

定名　蒙脱石黏土

(3) 变质岩描述实例：

①红柱石角岩（北京周口店）：岩石为深灰色，块状构造，斑状变晶结构，基质为微粒变晶结构，变斑晶为红柱石，自形，长柱状，横断面为正方形，大小相近，长约2～10mm，因遭受风化后而光泽暗淡。在岩石的新鲜面上斑晶和基质不易区分，红柱石变斑晶突出，含量约15%。基质颗粒细小不易鉴定，只能分辨其中有细小的黑云母，为暗褐色、珍珠光泽，呈小鳞片状。此岩石为泥质岩经过热接触变质作用形成。

定名　红柱石角岩

②石榴子石云母片岩（山西繁峙）：岩石为灰白色，片状构造，斑状变晶结构，基质为鳞片变晶结构。变斑晶为石榴石，呈暗紫红色，粒状，大小为5mm左右，有的晶体可以看到完好的晶面，含量约5%左右。基质由白云母和石英组成，白云母呈鳞片状，含量约为60%；石英为细小他形粒状，含量约35%，由于基质中有大量的白云母，使岩石具明显的丝绢光泽。

定名　石榴子石云母片岩

③黑云母斜长片麻岩（河北建屏）：岩石为灰白色，具明显的片麻状构造，中粒等粒变晶结构（花岗变晶结构）。主要矿物成分有斜长石（50%）、石英（25%～30%）、黑云母（20%）。斜长石为白色板状，石英他形，略有拉长状。黑云母为黑褐色，片状，与粒状长英矿物相间分布，使岩石呈现片麻状构造。斜长石有的有绿帘石化。

定名　黑云母斜长片麻岩

（三）地质构造的野外观察方法

野外地质构造的观察是从露头上可见的小型构造入手，观察描述其形态、结构要素和产状、类型等，查明不同构造之间的空间组合关系和时间上的发育顺序。然后将不同露头的地质现象联系起来，分析确定其与大型构造的关系，阐明构造变形机制并重塑变形演化历史。

1. 地质构造的野外观察方法　沉积岩、岩浆岩和变质岩等岩类的构造各有其特殊性，必须采取相应的不同研究方法。野外实践证明，各类岩石中的构造具有显著的共性，特别是小型构造的类型和性质都相当一致，因此我们首先要了解地质构造观察研究的一般原则和方法。

构造研究的基础是对岩石组构和不同要素之间相互关系的野外观察，包括各种面状构造，如层理、面理（劈理、片理）、节理、褶皱轴面和岩浆岩中的流面等，以及线状构造，如各种线理（杆状构造、矿物拉伸线理等）、褶轴和岩浆岩中的流线等。尤其要重视观察那些均匀贯穿于整个地质体中，在一定尺度上具有优选方位的透入性结构要素，因为这种结构要素分布的规律性即意味着变形作用中相应的规律性，即它是受特定的构造应力场控制的，其对于阐明地质构造的演化具有重要意义。

下面介绍几种主要地质构造的野外观测，即褶皱构造的观测，断层构造的观测，节理的观测和片理的观测。

2. 褶皱的观测　在野外地质工作过程中，褶皱的观测首先是几何学的观测，目的在于查明褶皱的空间形态、展布方向、内部结构及各个要素之间的相互关系，进而推断其形成环境和可能的形成机制。野外观测主要进行以下几方面的工作。

（1）褶皱识别。空间上地层的对称重复出现是确定褶皱的基本方法。多数情况下，在一定区域内应选择和确定标志层，并对其进行追索，以确定剖面上是否存在转折端，平面上是否存在倾伏端或扬起端。在变质岩发育区或构造变形较强地区，要注意对沉积岩的原生沉积构造进行研究，以判定是正常层位或是倒转层位；利用同一构造期次下的小构造（如拖曳褶曲等），对高一级构造进行研究。

（2）褶皱位态观测。褶皱位态需要轴面和枢纽两个要素确定，对于直线状枢纽或平面状轴面，只需测量其中一个要素就可以确定褶皱的方位，但不能确定其位态，因为具有相同枢纽方位的褶皱，可以具有很不相同的位态。轴面可以是曲面，枢纽也可以是曲线。

实际工作中，露头上可见的褶皱全部暴露时，可以用罗盘仪直接度量其枢纽的倾伏向、倾角和轴面的倾向、倾角。若枢纽和轴面为曲线（面），必须测量若干代表性区段的产状来说明二者的变化。

（3）褶皱剖面形态的观测。褶皱形态一般是在正交剖面上观察和描述的。对褶皱横剖面形态的描述，主要是运用枢纽、轴面、转折端剖面形态等要素进行描述。综合考虑才可以得出褶皱面在剖面上的整体形态。

（4）褶皱的伴生构造。在褶皱形成过程中，褶皱的不同部位具有不同的局部变形环境。褶皱层的有些部分伸长，有些部分缩短，而另一些部分没有受到任何的应变。因此，褶皱不同部位形成不同类型的派生、伴生小构造，与褶皱保持一定的几何关系，各自从一个侧面反映出主褶皱的基本特征。借助从属构造阐明区域大褶皱的几何特征，分析褶皱形成机制及发育过程，是野外地质工作中常采用的手段之一。

①褶皱两翼的小构造。层间擦痕的观察与测量，用以判断两盘相对位移方向和主褶皱转折端位置以及类型（水平褶曲、倾伏褶曲等）。

从属褶皱观察与测量，观察其不对称类型（S或Z型）、特点和倒伏方向，测量其要素（轴面、枢纽等）产状和几何参数，确定它们处于大褶皱的位置。

②褶皱转折端的小构造。观察节理和小断层的类型、特征，鉴别其力学性质，测量其产状要素。利用它们的形态和方位分析转折端的应力、应变状态及从属褶皱类型以及其随剖面深度的变化，度量其要素，根据地层时代关系确定褶皱性质（背斜、向斜）。

3. 断层构造的观测　　断层是地壳的主要构造形迹之一，断层的性质、特征及规模在很大程度上控制一个地区地质条件的复杂程度。大量实践证明，在矿产普查、勘探以及工程地质勘察中，对断层的研究已成为一个非常主要的内容。

（1）断层的识别。对断层的研究，首先要在野外认识断层，其主要的识别标志包括构造、地层、地貌、岩浆活动和矿化作用、岩相和厚度变化等。断层存在的证据有以下几方面：

①擦痕和镜面：断层两盘相对滑动时，在断层面上摩擦刻划形成一组平行的细沟纹，叫断层擦痕（图2-2-3）。有时局部断面被磨光，常附以黏土、铁质、硅质或碳酸盐质薄膜，以致表面光滑如镜，称为镜面。

②断层角砾岩与糜棱岩：断层两侧岩石因断裂而破碎，碎块经胶结形成的岩石叫断层构造岩。其中，碎块为大小不一的棱角状，无定向排列者，称为断层角砾岩，常见于正断层内；若碎块有不同程度圆化，略具定向排列者，称为磨砾岩，常见于逆断层和平移断层内；由因强烈研磨成粉状和重结晶微粒

组成的构造岩称为糜棱岩,它多见于大规模逆掩断层和平移断层带内。

③断层泥:断层两侧岩石因断层摩擦而形成的泥状物质。常与断层磨砾岩共生。

④拖曳褶曲:断层两盘相对错动,使两盘岩层发生小型的弧形弯曲,叫做拖曳褶曲。拖曳小褶曲的存在表明断层两盘发生过错动(图2-2-4)。

图2-2-3 断层擦痕
(陡坎面指向对盘滑动方向)
(引自夏邦栋,1995)

图2-2-4 断层带中的拖曳褶曲及其指示的两盘滑动方向

⑤地层的缺失与重复:走向断层会造成两盘地层的缺失和重复。走向断层造成的地层重复是非对称式的,其表现形式很多。图2-2-5是正断层引起的地层重复与缺失的两种形式。

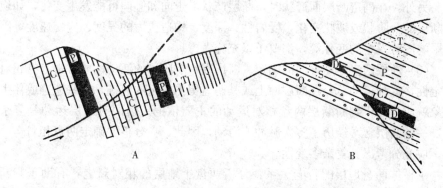

图2-2-5 正断层造成岩层重复与缺失的两种情形
(引自夏邦栋,1995)

褶曲和不整合等构造也可以造成地层的重复和缺失。它们的区别是:断层只产生地层不对称的重复,缺失的地层间不具有侵蚀面;而褶曲造成的地层重复是对称的,不整合形成的地层缺失具有侵蚀面,有时有底砾岩。

⑥地质体错断：断层可使岩层、矿层等地质体沿走向突然中断。断层也可使早期的侵入岩脉、岩墙发生错动，这种被切断的部分在相当的距离内又可以找到同一岩石的露头。

⑦密集的节理：断层的发育常受先成节理的控制，因而断层面两侧常常有先成节理。在靠近断层处密集，而远离断层处稀疏甚至消失。

⑧地貌标志：断层构造在地貌上有明显表现。由断层形成的地貌有断层崖、三角面山、错断的山脊等。大型断层往往在断层带内形成串珠状湖泊洼地，如我国云南东部在南北向的小江断裂带上分布了一连串湖泊，自北而南有杨林海、滇池、抚仙湖、杞麓湖以及嵩明盆地、昆明盆地、宜良盆地、玉溪盆地等。

⑨泉水的带状分布：断层破碎带是地下水的通道和贮集场所，泉水的带状分布往往标志着断层的存在。著名的北京玉泉山泉水就是出现在断层线上；南京东郊的汤山温泉也是出露在断层线上。

⑩土壤和植被标志：断层带内因岩层破碎易于风化，常形成深厚的土层；因水分充足，常生长有茂密的植物。

（2）断层带产状的观测。断层面出露地表且较平直时，可以直接测量或利用 V 字形法则判断。但断层面产状往往是不易测量的，因为断层常有一个破碎带，断层附近往往比较杂乱或掩盖，有时断层甚至隐伏而不能直接测量，则可在测量与断层伴生的节理、片理面产状统计值基础上，综合钻孔资料或物探资料推断确定。

另外，在确定断层面产状时，断层产状沿走向和倾向可能发生变化，如逆冲断层的台阶状或波状变化，受岩性、深度、构造应力的强度、应变速度等因素影响产状发生的变化等，都要予以充分考虑。

（3）断层两盘运动方向的确定。断层在一定阶段的活动性质常常具有相对稳定性，这种运动总会在断层面上或其两盘留下一定的痕迹，这些遗迹或伴生现象就成为分析判断断层两盘相对运动的主要依据。但同时断层运动是复杂的，一条断层常常经历了多次脉冲式滑动，因此，在分析并确定两盘相对运动时，应充分考虑其复杂多变性。

①根据两盘地层的新老关系：分析两盘中地层的相对新老，有助于判断两盘的相对运动。对于走向断层，上升盘一般出露老岩层，或老岩层出露盘常为上升盘。但是，如果地层倒转，或断层倾角小于岩层倾角，则老岩层出露盘是下降盘。如果两盘中地层变形复杂，为一套强烈压紧的褶皱，则就不能简单地根据两盘直接接触的地层新老判定相对运动。如果横断层切过褶皱，对背斜来说，上升盘核部变宽，下降盘核部变窄，对于向斜，情况刚好

相反。

②拖曳褶曲：断层两盘紧邻的拖曳褶曲，以其弧形弯曲的突出方向指示本盘的运动方向。一般说来，变形越强烈，拖曳褶曲越紧闭。

③擦痕和阶步：擦痕和阶步是断层两盘相对错动在断层面上因摩擦等作用而留下的痕迹。擦痕有时表现为一端粗而深，一端细而浅。由粗而深端向细而浅端一般指示对盘运动方向。如用手指顺擦痕轻轻抚摸，可以感觉到顺一个方向比较光滑，相反方向比较粗糙，感觉光滑的方向指示对盘运动方向。

断层面上常有与擦痕直交的小陡坎，称为阶步。阶步的陡坎一般面向对盘运动方向。在断层滑动面上有时可看到一片片纤维状矿物晶体，如纤维状石英、纤维状方解石以及绿帘石、叶蜡石等。它们是在两盘错动过程中，在相邻两盘逐渐分开时生长的纤维状晶体，这类纤维状晶体称为擦抹晶体，许多擦痕实质上就是十分细微的擦抹晶体。当断层面暴露时，各纤维晶体常被横向张裂隙拉断而形成一系列微小阶梯状断口，陡坎指示对盘运动方向。

④羽状节理：在断层两盘相对运动过程中，在断层一盘或两盘的岩石中常常产生羽状排列的张节理和剪节理。这些派生节理与主断层斜交，交角的大小因派生节理的力学性质不同而有差异。羽状张节理与主断层常成 45°角，羽状张节理与主断层所交锐角指示节理所在盘的运动方向。

断层派生的节理除羽状张节理外，还可能有两组剪节理，一组与断层面成小角度相交，交角＜15°；另一组与断层面成大角度相交或直交。小角度相交的一组节理，与断层所交锐角指示本盘运动方向。断层派生的两组剪节理产状较不稳定，或被断层两盘错动而破坏，所以不易用来判断断层两盘的相对运动。

⑤断层角砾岩：如果断层切割并挫碎某一标志性岩层或矿层，根据该层角砾在断层面上的分布可以推断断层两盘相对位移方向。

有时断层角砾成规律性排列，这些角砾变形的 XY 面与断层所夹锐角指示对盘运动方向。

根据断层面产状和两盘的相对滑动，可以确定断层的性质。

(4) 断层期次的判别。一条断层形成后，由于受后期构造改造或本身重新活动，使其运动方向或物理性质等方面发生转变。因此，在露头上和路线上力求收集准确的相对时序关系的地质证据，其中较为重要的是结合构造要素组合和序列分析进行判别，如叠加的擦痕，构造岩相互交切，充填其中的岩体、岩脉被错开等。

4. 节理的野外观测

(1) 观察点的选择。野外观测点是根据所要解决的问题选定的。每一观测点范围视节理的发育情况而定，一般要求有几十条节理可供观测，而且最好将观测点布置在既有平面又有剖面的露头上，以利于全面研究节理。

（2）观测内容：

①在任何地段观测节理，首先要了解区域褶皱、断裂的分布、特点以及观察点所在构造部位，然后根据不同的目的、任务，区分不同的岩性地层，观测和测量其中不同性质的节理。观测内容包括：点号及位置，节理所在褶皱或断层的部位，节理所在岩层的时代、层位、岩性及产状，节理产状，节理面及充填物特征，节理的力学性质及旋向，节理密度（条/m）。

②区分节理的力学性质（是张节理、剪节理、压性节理），并根据其性质作进一步的细分。根据节理面特点（如产状变化、光滑程度、充填情况、擦痕方向等）、组特点以及尾端变化特点（如分叉、折尾、马尾状、火炬状等）来确定。节理若被脉体充填，调查时要尽量收集脉体的产状、规模、形态、间隔、充填矿物的成分及生长方向等数据。并根据节理或脉体的产状及性质分组，以它们之间相互交切、互切、限制、追踪以及脉矿物生长方向等分期配套，确定形成的先后顺序。并作素描图或拍照以说明其形态和相互关系。

③在选定地点内，对所有节理产状进行系统测量。测量方法和地层产状要素测量的方法一样，为特殊目的需要，如为确定某一组节理或充填脉与褶皱的伴生或派生关系，还要测量节理与层理、共轭节理等交线的产状，对于判别褶皱存在和褶皱几何形态有重要意义。

5. **片理的观测** 片理是强烈变形和变质作用下形成的一种面状构造，它按一定方向将岩石分割成平行密集的薄层或薄板构造，具有明显的各向异性。片理是变质岩区主要的观察和测量对象之一，在野外主要研究以下内容。

正确区分层理和片理。野外要正确区分层理和片理。在变质岩发育区，原生层理常被片理不同程度地置换，甚至被其隐蔽，因而很易将片理误认为层理。

沉积岩和火山岩中的各种原生层状构造是由物质成分、粒度、硬度、颜色和固结方式等的差异所显现出来的，并主要受叠覆原理和侧向堆积原理所制约，如变质岩中的磁铁石英岩、大理岩、硅质岩等夹层可表现出层理延伸方向。

原生沉积构造主要包括层理构造（交错层理、递变层理、砂纹层理等）、层面构造（波痕、印模、泥裂、冲刷面等）、生物标志（叠层石、生物遗迹、充填构造等）以及火山岩系中的标志（杏仁及充填物、冷凝带）等。在野外，通过对岩性层的追索和分析，一般能找到某些变余层理和沉积构造标志。

片理最显著的特征是以不同角度交切岩性层理。在构造强烈置换区，层理和片理产状近于一致，岩层往往呈透镜状或岩性条带有规律展布，极易把片理当作层理，而把岩层定为单斜面。因此，要充分利用原生构造等标志和力求寻找褶皱的转折端，或由置换作用残留的钩状、M 状片内褶皱转折端，才能区别片理和层理。

在野外工作中应充分和正确描述变质岩矿物的成分、结构构造，确定片理类型。观察片理域中层状硅酸盐的矿物组合、变形程度和重结晶状况，了解变形变质作用的过程。

三、地貌调查

(一) 地貌分类

研究地貌发展规律和分析地貌条件以及进行地貌区划等不仅具有理论意义，而且具有实践意义。因为每一个地貌形态及其发展阶段不但反映了一定的岩性特征，也反映了一定的地形（如坡度、切割密度和形态）和一定的水文与土壤水文特征，因而对指导农业生产和土地利用规划都具有重要的实践意义。如大型厂矿的选址及其建设，重要交通干线的修建，土地利用和农业布局，农田基本建设的工程措施等，都需要科学地对形态各异、特征有别的各种地貌形态加以认识。为此，需要对地貌作合理的分类。全球地貌可分为两大基本地貌单元，即陆地地貌和海底地貌。其中海底地貌可分为大陆架、大陆坡、大陆基、大洋中脊、大洋盆地、岛弧和海沟等基本地貌类型。以下着重介绍陆地地貌分类。

自然界存在着各式各样的地貌类型。地貌是内外力相互作用的结果，由此产生的各种地貌形态都有各自独特的发展规律。不同成因的地貌在发展的某一阶段上，可能暂时具有相似的地貌形态，若继续发展又可能出现不同的地貌形态。相反，相同成因的地貌在发展的不同阶段上也可能表现出不同的地貌形态。因此，在地貌分类中，如只考虑形态而不考虑成因，只能了解地貌现代的形态特点而将会使具有发生发展联系的某类地貌分割开来，无法了解各种地貌的演变规律；另一方面，如果只考虑成因而不考虑形态，也会使具体的地貌实体完全抽象起来，不利于将专业利用与地貌处理有效结合。因此，对地貌按形态和成因同时进行分类是被大多数地貌学家认可的，因为它既体现地貌形态受到成因的制约，又反映地貌的实体。下面介绍地貌分别按形态和成因进行的分类。

1. 按形态进行分类　以我国为例，地貌按其外表形态可分为山地、丘陵、高原、平原和盆地。

（1）山地。山地是指地面上四周被平地环绕的孤立高地，其周围与平地交界部分有一明显的坡转折。根据山地的高度可将其分为极高山、高山、中山、低山。目前国内一般采用中国科学院地理科学与资源研究所提出的高度分类方案，见表2-3-1。

表2-3-1 山地形态分类

名称		绝对高度（m）	相对高度（m）
	极高山	>5 000	>1 000
强烈切割	高山	5 000～3 500	>1 000
中等切割			1 000～500
轻微切割			500～100
强烈切割	中山	3 500～1 000	>1 000
中等切割			1 000～500
轻微切割			500～100
中等切割	低山	1 000～500	1 000～500
轻微切割			500～100

（2）丘陵。丘陵是指在低山周围，面积较小、相对高度低于100m的山地。低山与丘陵没有明显界线，他们之间的区别只是相对高度与形态不同。如丘陵坡度较缓、坡脚不明显且没有明显的走向。丘陵在我国分布极广，在内蒙古高原和藏北高原上也有丘陵分布。

（3）高原。高原是海拔较高的大片完整而又平坦的高地。我国高原均在海拔600m以上，如青藏高原、黄土高原。

（4）平原。平原是地面起伏微弱的广阔平地。海拔高度0～200m的称为低平原，如华北平原；海拔高度200～600m的称为高平原，如成都平原。

（5）盆地。盆地是周围为山地或高原，中间地形低平的地区。中间低平地区与周围山地的相对高度一般>500m。在我国各个盆地底部的海拔高程相差很大，如柴达木盆地底部海拔为2 700m，而吐鲁番盆地底部海拔却低于海平面。

在不同地区，由于现代冰川雪线、森林带的具体位置不同，引起各种营力性质和强度及所塑造的山地地貌形态的高度分布也不同，目前地貌形态分类尚无统一的意见。因此，上述各地貌类型的高度标准不是绝对的，应根据各地区具体情况具体分析。

2. 按成因进行分类 目前，地貌按成因分类尚没有统一的分类系统，下面介绍几种常见的分类。

（1）按内力成因分类：

①反映古构造（静态）的侵蚀型地貌（如侵蚀地貌中的背斜山、向斜山、桌状台地、方山、单面山、猪背岭、断层三角山、断层崖、穹窿山、地垒山等）和堆积型地貌（如向斜谷、背斜谷、断层谷、地堑盆地、断陷盆地、顺向河、次成河、逆向河等）。

②反映新构造运动的侵蚀型地貌（如高原、山地、大陆架、大陆坡、海岭、平顶山等）和堆积型地貌（如平原、盆地、海沟、海盆等）。

③反映岩浆活动的侵蚀型地貌（如火山口、熔岩丘、熔岩柱、熔岩台地、熔岩垄岗等）和堆积型地貌（如火山锥、盾状火山、火山碎屑、海底火山等）。

（2）按外力成因分类：

①坡地重力作用形成的侵蚀型地貌（如崩塌坡、滑坡壁、滑坡裂缝、错落崖等）和堆积型地貌（如倒石堆、滑坡体、土屑蠕动坡等）。

②流水作用形成的侵蚀型地貌（如泥石流沟、切沟、冲沟、坳沟、河谷、阶地、河床、峡谷等）和堆积型地貌（如坡积裙、洪积扇、三角洲、堆积阶地、冲积平原等）。

③岩溶作用形成的侵蚀型地貌（如溶沟、溶洞、地下河等）和堆积型地貌（如石钟乳、石笋、地下河或湖的堆积等）。

④冰川和冰水作用形成的侵蚀型地貌（如冰斗、悬谷、冰蚀三角面、羊背石、冰蚀盆等）和堆积地貌（如终碛堤、冰川漂砾、蛇状丘、冰水扇等）。

⑤冻融作用形成的侵蚀型地貌（如冰楔、冻融夷平面、冻融台地、秃裸台地等）和堆积型地貌（如石海、石川、冰丘、冻融岩屑堆、冻融泥流坡、泥流舌、泥流阶地等）。

⑥风沙作用形成的侵蚀型地貌（如石窝、雅丹、风蚀残丘、风蚀蘑菇、风蚀谷等）和堆积型地貌（如沙波纹、各种形态的沙丘等）。

⑦风、流水和重力综合作用形成的侵蚀型地貌（如山前夷平面、山前剥蚀残丘、黄土塬、黄土梁、黄土峁等）和堆积型地貌（如山麓裙、沙漠岩漆或结皮、石漠、砾漠、沙漠等）。

⑧海、湖和河水综合作用形成的侵蚀型地貌（如海蚀穴、海蚀崖、海蚀拱桥、浪蚀沟、河口岔道、冲刷洼坑等）和堆积型地貌（如水下堤坝、海积阶地、海滩、海岸堤、海滨平原、环状沙坝、河口沙嘴、沙坝、心滩等）。

⑨生物作用形成的侵蚀型地貌（如动物穴）和堆积型地貌（如珊瑚礁、泥炭沼泽草丘、河漫滩草地等）。

(3) 按人为成因分类。人为作用形成的侵蚀型地貌类型如露天采矿场、运河、渠道、坑道、梯田、钻孔等；堆积型地貌类型如土石堆、河堤、拦河坝、古代城墙及建筑物废墟、史前遗迹等。

(4) 按山地成因和平原成因分类。山地与平原是大陆表面最基本的两种形态，成因上有很大的差别，而丘陵和山地的成因是相同的，这也体现了地貌的成因分类与形态分类的结合，因此，山地与平原的分类问题是比较重要的成因分类问题。

①按山地成因分类：主要有构造变动形成的山地、火山作用形成的山地和侵蚀切割形成的山地三种类型。

构造变动形成的山地是以地壳运动的影响为主而形成的山地，其中还可进一步分为褶皱山、断块山、褶皱断块山，其分布较广。褶皱山主要是由褶皱构造形成的山地，在地貌上表现为平行岭谷的相间分布，穹窿山也属于这种类型。断块山主要是由断裂错动而形成的山地，如断层崖、断层谷、地垒、地堑等。褶皱断块山的主要成因是褶皱和断裂。这类山地构造形态上有被断层分离的褶皱岩层，再受不同岩性的制约，其在地表的形态较复杂。

火山作用形成的山地主要是由于地壳深处大量物质喷发到地表而形成山地。酸性熔岩的火山具有陡峭的山坡，如穹窿状火山；基性熔岩的火山低、平、圆滑，如盾形火山和熔岩台地；还有锥状火山，它是由火山灰、火山砾和熔岩堆积而成的。

侵蚀切割的山地是地壳经过构造变形后，长期稳定，主要靠外营力的作用而形成的山地。目前，这种侵蚀山主要以中、低山群和丘陵地形出现。由于构造和岩性不同，各种侵蚀山地在形态上又有各种表现，往往是将形态分类与成因分类相结合，例如，黄土沟谷地貌、红岩盆地和丘陵、平行岭谷低山和丘陵等。

②按平原成因分类：主要可分为构造平原、剥蚀平原和堆积平原等几种类型。

构造平原是新近轻微上升形成的，微有倾斜或水平的岩层表面尚未遭受明显的侵蚀过程，如滨海平原；剥蚀平原是由地壳轻微上升，受各种外营力长期剥蚀而形成的。根据外营力不同又可再分为次一级的地貌类型，如海蚀平原、流水剥蚀平原、冰蚀平原、风蚀平原等；堆积平原是由各种外营力堆积作用而形成的。根据外营力的作用可再分为次一级的地貌类型，如河流冲积平原、湖积平原、洪积平原、冰积平原等。

(二) 第四纪沉积物

第四纪沉积物是人类赖以生存的基础之一。农业植根于由各种松散的第四纪沉积物发育的土壤，大量的地下水存在于堆积物孔隙中，部分重要矿产（沙金、金刚石、锡、盐和硼等）和建筑材料（土、沙、砾石）也产于第四纪沉积物中。人类过去、现在和将来都离不开第四纪沉积物。

1. **第四纪沉积物的特征**

（1）岩性松散。第四纪沉积物一般形成不久或正在形成，成岩作用微弱，绝大部分岩性松散，少数半固结，绝少硬结成岩。这一特点有利于将反映形成时的古气候古环境信息保存下来。在第四纪松散物质中采矿、施工易于进行，但也因此易于发生灾害。

（2）成因多样。由于第四纪气候、外动力和地貌多种多样，由此而形成多种多样成因的大陆沉积物和海洋沉积物。各种成因的沉积物具有不同的岩性、岩相、结构、构造和物理化学性质与地震效应。

（3）岩性、岩相变化快。即使同一种成因的陆相第四纪沉积物，由于形成时动力和地貌环境变化大，因此沉积物的岩性、岩相结构变化也大。第四纪海相沉积物则远较陆相沉积物岩性、岩相稳定。

（4）厚度差异大。剥蚀区第四纪陆相沉积物厚度一般小，从几十厘米到十几米，堆积区（山前、盆地、平原、断裂谷地）可达几十米至几百米不等。

（5）风化程度不同。陆相沉积物大多出露在地表，受到冷暖气候交替变化的影响，时代越老者风化程度越深。

（6）含有化石及古文化遗存。在有的第四纪陆相沉积物中，含有大型和小型哺乳动物化石、古人类化石、石器和陶器、用火遗迹（如灰烬和炭屑）及村舍遗址等。

2. **第四纪沉积物的成因类型**

（1）第四纪沉积物成因类型分析。沉积物成因类型是由各种地质营力形成的。一种地质营力可以出现在不同的气候带或地貌单元。以河流为例，按气候带有寒带、温带、干旱带、亚热带和热带河流；按大型地貌单元有山地河流和平原河流；按形态单元则有曲流、辫状河等。沉积物成因类型分析以研究某一地质营力在不同环境所形成沉积物的共同特征为主，并以这种共同特征指导区域和单元形态的沉积物成因研究。但应注意地质过程的复杂性，如温带平原曲流河所形成的冲积物，被视为河流沉积物的典型，而其亚型则多种多样。

凡以一种地质营力为主形成的沉积物为单一沉积物成因类型，如河流冲积层、湖积层、洪积层等。以两种地质营力为主形成的沉积物为混合成因类型，如洪冲积层（冲积为主）、冲洪积层（洪积为主）等。不应划分出多于两种以上地质营力的混合类型，以免增加成因类型的模糊性。常见的成因类型是残积物、坡积物、洪积物、冲积物、风积物、黄土、湖积物及它们组成的有关混合类型，其他成因的沉积物有地带性。

第四纪沉积物成因类型与岩相既有联系，又有区别。岩相与较长的地质时期（一般＞1Ma）内地质作用平均总和的沉积环境相对应，其结论用于矿产的价值比用于环境的价值大；而第四纪沉积物成因类型研究是以 2.4Ma 前开始以来的动力、地貌、古气候、古环境和灾害形成的沉积物为主要研究对象，其解析程度可以达到 100ka、10ka、1ka 甚至 1a，其结论除用于第四纪矿产和水文、工程地质外，还可用于环境与灾害研究和变化预测。

（2）第四纪沉积物成因类型。首先按大陆、海洋和过渡环境分出三大类沉积物系统。陆地沉积物系统又按地质营力的类同和沉积物在剖面上的组合划分沉积物成因组。在成因组之下按地质营力的个别特征分为若干沉积物成因类型。在成因类型中按岩性结构特征或亚环境中营力特点又可分为亚类（表 2-3-2）。

表 2-3-2　第四纪沉积物的成因分类

（据 E.B. 桑泽尔，1957）

大类	成因组	成因类型	代号
大陆沉积物系统	残积组	残积物	el
		土　壤	pd
	斜坡（重力）组	崩积物	col
		滑坡堆积物	dp
		土溜堆积物	sl
		坡积物	dl
	流水组	洪积物	pl
		冲积物	al
		泥石流堆积物	df
	地下水组	溶洞堆积物	ca
		泉　华	cas
		地下河堆积物	call
		地下湖堆积物	cal
	湖沼组	湖积物	l
		沼泽堆积物	fl

(续)

大类	成因组	成因类型	代号
大陆沉积物系统	冰川—冻土组	冰碛物	gl
		冰水堆积物	fgl
		冰湖堆积物	lgl
		融冻堆积物	ts
	风力组	风积物	eol
		风成黄土	eol-ls
	混合成因	残坡积物	eld
		坡冲积物	dal
		冲洪积物	alp
		冲湖积物	all
海陆过渡沉积系统	海陆交互组	河口堆积物	mcm
		潟湖堆积物	mcl
		三角洲堆积物	dlt
海洋沉积系统	海洋沉积组	滨岸堆积物	mc
		海岸生物堆积物	mr
		浅海堆积物	ms
		深海堆积物	md
	其他	成因不明堆积物（pr）内力作用堆积物［火山作用（vl）、古地震等堆积物］、人工堆积物（s）、生物堆积物（b）、化学堆积物（ch）	

(三) 地貌调查程序

地貌调查就是对自然界千变万化的地表形态、结构和分布等从点到面的观察，并由表及里、从微观到宏观进行分析和研究，用文字和图件准确地表达出来。地貌调查的程序一般可分为三个阶段：准备工作阶段、野外调查和室内整理阶段、总结阶段。

1. 准备工作阶段 包括明确调查任务和要求，收集研究已有的基础资料，了解调查地区的情况，制定工作计划，做好组织、技术、物质等准备工作。

(1) 收集、整理调查地区资料。在准备阶段，要全面收集和整理已有的有关调查区和邻近地区的地貌、第四系地质、区域地质、水文地质、工程地质和自然地理的资料，以及相关报告和图件、航片和卫片等，并且进行初步判读。航片和卫片的判读对大地貌形态，断裂构造的宏观特征，山脉、水系与构造关系等都有较好的显示。近年来多使用航片与卫片来进行工作，大大提高了工作效率。例如被田地、丛林破坏的古城、古阶地、谷地等都能在航片和卫片中反映出来，能指出古河道等的位置。考察空白区的情况也能较好地反映，如罗布泊湖盆的形态，各时期的湖岸范围等。航片、卫片的使用能节省大量的调查时间。

同时还要准备一份调查地区的地形图（一般要比最后的成图比例尺大），便于在野外更准确地填绘和勾画出各种地貌的界线，以提高工作的效率和精度。

在阅读和整理已有资料时，一般应着重查阅有价值的较新的总结性资料，然后按调查时的先后顺序或专题内容系统整理各项资料。需要指出的是，在吸取前人工作成果的同时，要分析过去工作中存在的问题，研究解决的途径和办法，以供野外调查时参考。

(2) 制定计划。根据承担的任务，参照规范，并结合研究地区的具体情况，编写计划任务书报上级审批，一般包括下列内容。

前言：包括任务的目的和要求，研究地区的位置、范围、交通、地质和自然地理概况、研究程度等，地貌概况以及存在的主要问题。

工作方案：完成任务准备采用的工作方法、技术手段和要求、工作量和人员配置、工作部署和时间安排、所需装备、器材和经费等。

预期成果：根据任务和规范所能最后提交的报告、图件和精度等项目。

2. 野外调查 在野外通过路线和点的调查，选择重点和典型地点测绘地貌和第四纪地质剖面，统一要求和方法进行观测、记录、填绘各种图件、采集各种标本和样品等工作。野外调查任务可分为初步踏勘和全面勘查两个阶段。

(1) 初步踏勘。选择几条贯穿全区的不同方向的路线，尽可能穿越地貌类型多、第四纪沉积物出露条件好的地区，经常采用的是穿越主要山地以及横切河谷、冲沟的路线，便于了解全区情况和工作条件。同时对遇到的典型地点进行地貌与第四纪地质剖面的测绘，以便进一步统一认识，并提出技术和方法上的要求与原则。

(2) 全面勘查。这项工作一般由多人同时进行。即按适当的距离布置观测路线和观测点，通过这些点、线构成全区观测网，进行全面的地貌调查。点与点之间还要进行沿途观测。点和路线的分布及疏密度取决于任务的要求和研究区的地貌与第四纪地质的发育和复杂程度。

对于观测路线的布置，在平原区：因其地貌类型较单一，起伏较小，第四系地层的出露较差，故观测路线的间距可以适当放宽，但要尽可能穿越河谷、冲沟和陡坎等地貌类型变换处。

在山前区：山前地区由于地貌较复杂，变化较大，第四纪地层较发育，故布置路线时，既可沿沟谷而上垂直于山地走向，也可穿越沟谷平行于山地走向，便于跟踪地貌类型和第四纪地层的变化和界线，特别要注意观测地质构造和新构造运动对地貌的影响。

在山地区：由于山地的地形起伏大，地貌类型和第四系地层局部变化大，地质构造复杂，因而选择路线时，除若干横切河谷和分水岭外，常采用界线追索法，搞清地质构造、岩性与地貌类型和新构造运动的关系，特别要注意观测坡地的发育及其产生的自然灾害，如崩塌、滑坡和泥石流。还应注意分水岭地区古地形面的调查。

另外，对于地貌问题有争论或未解决的地区或地段，应布置专门的地貌观测路线。要确定地貌类型的分布界线，也要进行某些地貌路线观测。在选择路线时，还应考虑调查地区的交通条件。对于观测点的选择，一般在地貌形态完整或有显著变化的地点以及第四系地层露头较好、地层齐全、厚度较大、化石较多、构造形迹较清楚的剖面进行详细地定点观测和描述。除了有广泛代表性的典型观测点外，还应选取多个在地貌和第四系地层的各种类型有变异的地点作为辅助观测点，以此作为补充。对某些自然现象（如基岩的岩性、产状、结构、构造、土壤、植被和水文等）和人类活动对地貌和第四系地层发育有直接影响的地点也要进行定点观测和描述。总之，要根据实际情况，在一定的范围内科学地放宽和加密观测点，不能机械地平均分配。

3. 室内整理、总结

(1) 野外记录本、标本和照片的整理。检查、复核、补充、修正野外记录，并进行归纳整理和综合分析。清理、分析和鉴定各种标本和样品，对照片进行放大或剪接，并加注文字说明。

(2) 图件的清绘和编制。

(3) 总结。总结工作，发现并解决问题，最后编写报告。报告一般包括：

绪言：工作任务来源、目的、要求，调查区地理位置、行政区划、面积等，工作组成员、工作方法、完成工作情况和主要资料、成果等。

区域地理概况：气候、水文、土壤、植被、地形地貌、社会经济情况等。

第四系地层的描述：按照第四纪年代顺序，从老到新，分别描述沉积物的成因类型、分布、岩性（包括颜色、成分、结构和构造）、厚度、产状和化石等。

地貌类型的描述：按照地貌的成因、类型，从大到小（或从高到低），分别描述其形态、大小和分布规律、物质组成、结构特点、形成年代、发育过程、地貌组成特征和地貌分区等。

新构造运动的特征：描述新构造运动的形迹在地貌和第四系地层中的表现，并说明新构造运动的性质、幅度和时代特征等。

结语：在分析研究调查资料的基础上，说明地貌调查在生产实践中的重要意义，并提出结论性的意见和建议。

（四）野外地貌观测和记录的内容

1. 地貌形态的测量与描述 地貌形态特征要从定性和定量两方面进行观测和记录，即要对地貌进行形态测量和形态描述。测量与描述的内容包括大的地貌形态特征，如山地、高原、丘陵等，它们是多种地貌类型的形态组合；然后是次一级的地貌形态特征，如冲积扇、河漫滩、三角洲、倒石堆、阶地等；最后是组成地貌的要素特征，如自然堤、阶面、阶坡、坡麓、斜坡等。

在测量与描述的过程中要注意各种地貌的形态，如三角形、阶梯形、扇形等，形体或面积，空间分布、密度，表面起伏变化，如坡形、坡度等，山地丘陵的切割深度等。其中有的数据可直接通过测量地形图和航片获取。

由于地貌的等级和组合不同，一般是从大到小、从整体到局部，也可以按照地貌单元所处的地形部位依次描述，如对河谷的描述顺序一般是：河床—河漫滩—阶地—谷坡—山坡。

2. 地貌物质结构的观测与描述 特别要详细观测与描述外力形成的堆积地貌第四系地层的露头，它常是决定该区地貌的成因和年龄的重要依据。选取地貌物质结构较好的露头，由上到下、由表及里描述岩石的名称、结构、构造、厚度、产状、风化特征、年代、成因、层序、分布规律、相邻层位的接触关系及其对地貌发育和形成的影响等。

3. 调查地貌类型之间的相互关系 在野外进行地貌调查时，需注意地貌与其他自然要素之间，各种地貌类型之间以及同一地貌类型的各个要素之间在成因、发育上的联系和空间变化。如洪积扇的变形与新构造运动的关系，河谷阶地纵横剖面的变化，剥夷作用与相关沉积之间的关系，沙丘的分布与主风向的关系，冰斗与雪线的关系，海蚀穴与激浪的高度关系，岩溶的水平溶洞分布与成层性等。

4. 观察现代地貌作用和过程 现代地貌作用往往对工程设计和施工产生直接影响，必须对其详细观测和记录。如滑坡、泥石流、水土流失、泥沙沉积、风沙移动、边岸的冲刷等。要研究它们发育阶段、形成过程、作用规律、影响强度、危害程度等，为预测其对生产产生的影响和提出防治措施提供依据。

5. 地貌成因的分析 地貌形态和空间分布是确定地貌成因的重要根据。不同或相同等级地貌形成的主导营力不同。对外营力为主形成的各种堆积地貌，如河漫滩、坡积裙、洪积扇、三角洲、堆积阶地、倒石堆、终碛堤、沙堆、沙丘、海滨平原等，其成因要根据其形态特征、物质的组成、结构与岩相特征（如颗粒大小、层理、化石等）和它们所受的作用来确定。对各种成因的侵蚀地貌（冲沟、夷平面、侵蚀阶地、基座阶地、风蚀柱、黄土丘陵、洼地、悬谷、溶蚀洼地等），要根据其形态特征、分布规律、地质构造、岩性、自然地理条件或古地理环境以及其他地貌类型的组合和相关沉积物的关系来确定。对于以内营力为主而形成的地貌类型，如向斜谷、背斜山、断层崖、单面山、猪背岭、平原、高原、火山、穿窿山、地垒山、地堑盆地、断陷盆地等，要对其地质构造和地貌特征进行详细调查、综合分析后才能确定其成因。

6. 地貌年龄的确定 地貌年龄分为相对年龄和绝对年龄。地貌相对年龄的确定是通过各种地貌的分布及其相互关系，特别是要查明组成地貌的地层时代，以此来确定地貌形成的时代。如较新的地层充填在负地貌中，或被确定为与地貌相关的沉积物时，它的地层时代确定一般是推测地貌相对年龄的重要根据。又如，夷平面和侵蚀阶地等，其高程越高，形成时代越老，高程越低，时代越新。如要进一步确定它们的时代，就要根据它们的相关沉积物的时代或组成它们的基岩的最新地层时代与其最老覆盖物的地层时代来确定。

要确定堆积作用形成的冲积平原、三角洲等地貌类型的形成时代，可调查其组成沉积物的时代。沉降盆地和河谷等地貌类型，可根据其埋藏在盆地和谷地的基岩面上的沉积物的地层时代来确定盆地和河谷形成的时代。在一个地区，如能确定某一沉积物的时代，就能推知与它有关的同时代异相沉积物所组成的地貌的形成年代。因此，调查清楚地貌类型之间重叠、切割等关系，对于确定地貌形成的相对顺序也很重要。

地貌的绝对年龄可通过实验室测定有关沉积物的绝对年龄来确定。常用测定方法有：^{14}C法、^{36}Cl法、$K-Ar$法、^{10}Be、铀系法、热释光法、地球化学元素法（^{137}Cs、^{210}Pb、^{226}Ra、^{232}Th）等。这些方法可在一定时段范围内准确确定沉积物或化石距现在的年代。

四、地质地貌调查的遥感方法

遥感技术是 20 世纪 60 年代迅速发展起来的一门综合性探测技术，是在远离被测物体或现象的位置上，使用一定的仪器设备接收记录物体或现象反射或发射的电磁波信息，经过对信息的传输、加工处理及分析解译，对物体或现象的性质及其变化进行探测和识别的理论和技术。遥感作为现代信息技术的重要组成部分，是采集地球空间信息及其动态变化资料的主要技术手段，成为地球科学、资源环境、测绘勘查、农林水利等学科科学研究的基本方法。

（一）遥感调查的基本原理

现代遥感技术的基本过程是：距目标物几米至几千公里的距离之外，以汽车、飞机和卫星等为观测平台，使用光学、电子学或电子光学等探测仪器，接收目标物反射、散射和发射来的电磁辐射能量，以图像胶片或数字磁带形式进行记录；然后把这些信息传送到地面接收站，接收站把这些遥感数据和胶片进一步加工成遥感资料产品；最后结合已知物体的波谱特征，从中提取有用信息，识别目标和确定目标物间的相互关系。

自然界的一切物体在一定温度下都具有发射、辐射电磁波的特性。在遥感中，从辐射源发出的电磁辐射，经过自由空间的传播，到达大气和地面，经过与大气和地面的作用，又到达传感器上。在此过程中，电磁辐射一旦与物体接触，它所携带的能量就会表现出来，进行能量的交换，发生相互作用。作用的结果，使入射的电磁辐射发生变化。不同物体，由于其表面状况和内部组成物质不同，或同一物体在不同的环境条件下，由于入射辐射的不同，物体在不同波长处反射或发射电磁辐射的能力不同。这种辐射能力随波长改变而改变的特性，称为物体的波谱特性。这种差异被传感器探测记录下来，形成不同的影像特征，成为我们识别与区分物体的依据。

1. 物体的反射波谱特性 物体对电磁辐射的反射能力与入射的电磁辐射的波长有十分密切的关系，不同物体对同一波长的电磁辐射具有不同的反射能力，而同一物体对不同波长的电磁辐射也具有不同的反射能力，我们把物体对不同波长的电磁辐射反射能力的变化，亦即物体的反射率随入射波长的变化规律叫做该物体的反射波谱。

物体的反射波谱常用曲线表示，称为反射波谱曲线。从物体反射波谱曲线的形状，可以反映出目标物的波谱特征。下面介绍几种主要地物的反射光谱。

（1）岩石的反射光谱。岩石的反射光谱主要取决于矿物类型、化学成分、太阳高度角、方位角、天气等。此外覆盖于其上的土壤、植被对岩石的波谱特性影响也很严重。

在可见光部分岩石的反射率差别很小，0.6~0.7μm 的红光波段不同岩石的反射率曲线彼此很少交叉，尽管其间的差值很小，但信息丰富；在近红外波段，反射率差值较大，有利于进行遥感，考虑大气窗口的限制，常应用1.55~1.75μm 和 2.08~2.35μm 两个波段。

一般同类岩石的反射波谱曲线的形状一致，但其反射率的绝对值不相等，大小与暗色矿物含量的多少有关。一般岩石反射率变化的规律是：基性岩＜中性岩＜酸性岩。此外，风化的岩石比新鲜岩石的反射率高。

(2) 水的反射波谱。水体的反射率在整个波段范围内都很小，从蓝光段的15%降至红光段的2%，进入红外波段后几乎等于零。影响水体反射率的主要因素是水的浑浊度、水深、波浪起伏、水面污染、水中生物等。

洁净的水对蓝紫光有一些反射，其余波段大部分被吸收；蓝紫光也能穿透一定深度的水层（2~20m）。如果水较深，逐渐被吸收，如果水较浅，部分光线可反射返回地面。水中的悬浮沙粒粒径大于太阳光谱波长，结果产生米氏散射，使水的反射率在各波段都有所提高，尤其在黄红波段，增加更大。水中的浮游生物由于其含叶绿素，所以在红外波段有较高的反射率，水面因石油污染形成的油膜通常在紫外波段有较高的反射率。水面波浪起伏也可增加反射率。另外，在平静的水面上，常会出现镜面反射，因此在测量水的反射波谱时，要注意避免镜面反射。

(3) 植物的反射波谱。绿色植物的叶子由表皮、叶绿素颗粒组成的栅栏组织和多孔薄壁细胞组织构成，入射到叶子上的太阳辐射透过上表皮，蓝、红光波段被叶绿素吸收进行光合作用，绿光部分被吸收，部分被反射，所以叶子呈现绿色；而近红外线则穿透叶绿素，被多孔薄壁组织反射，因此在近红外波段上形成强反射。

自然界植被的情况相当复杂，并非都具有完全一致的反射光谱曲线，由于受植物种类、季节、生长状况、健康水平以及太阳辐射的影响，结果使得植物的反射波谱曲线千差万别。

(4) 土壤的反射波谱。土壤对电磁辐射的反射状况很复杂，许多可变因素，如土壤含水量、土壤质地、表面粗糙度、氧化铁和有机质含量等，都影响土壤的反射波谱特性。一般在可见光区土壤的反射率高于植物，而在远红外波段则相反。

土壤光谱反射率随含水量增加而降低，并在 1.45μm 和 1.95μm 处也有两个低反射点，这是水分吸收区。在某些波段内，土壤含水量与反射率具有较好的负相关。

土壤质地与土壤含水量有很强的相关性。砂质土壤通常排水条件好，有较高的反射率。质地细的土壤排水条件差，反射率就低。但在缺水情况下，土壤反射率呈现相反的趋势，即质地粗的土壤较质地细的土壤反射率高。

土壤表面粗糙引起入射光线的漫反射加强，甚至产生微阴影，降低土壤反射率。

随着有机质含量增加，土壤在 $0.4\sim2.5\mu m$ 波段内的反射率下降。在 $0.62\sim0.66\mu m$ 波段内，土壤有机质含量与反射率之间有双曲线相关关系。氧化铁含量增加会明显降低土壤在可见光波段的反射率。在 $0.5\sim0.64\mu m$ 波段内，氧化铁含量与土壤反射率之间有很好的线性相关。

2. 遥感图像解译 不同地物在不同波段的反射率存在着差异，传感器收集、探测、记录地物电磁波辐射信息，形成影像上的色调或色彩的差别；另一方面，由于地面上的物体因各自的物质成分、结构构造、物理化学性质和生成原因不同，在一定的地质地理条件下，呈现出不同的外表特征。遥感成像时，探测器将地物的这些外表特征按照一定的投影规律如实地射入画面，经过一系列信息处理后再现出来，构成遥感图像上各种各样的形状、大小、影纹图案等特征，上述两种原因使不同的地物在遥感图像上表现出各自的形状、大小、花纹、色调等，统称为影像特征，是在遥感图像上识别物体、区分物体的依据。根据所获得的遥感影像和数据资料，从中分析出人们感兴趣的地面目标的形态和性质，这一过程称为遥感图像解译。那些能识别、区分地物并能说明它们的性质和相互关系的影像特征，称为解译标志。解释标志又分为直接解译标志和间接解译标志两类，凡是根据地物或现象本身反映的信息特性可以解译目标物的影像特征称为直接解译标志；通过与之有联系的其他地物在影像上反映出来的影像特征，与地物属性有内在联系、通过相关分析能推断出其性质的影像特征，能间接推断某一事物或现象的存在和属性的影像特征，称为间接解译标志。

（1）直接解译标志。包括色调、形态、阴影、结构和图形。

色调：是地物电磁辐射能量在影像上的模拟记录，在黑白影像上表现为灰度，在彩色影像上表现为颜色，它是一切解译标志的基础。黑白影像上根据灰度差异划分为一系列等级，称为灰阶，一般情况下从白到黑划分为10级：白、灰白、淡灰、浅灰、灰、暗灰、深灰、淡黑、浅黑、黑。彩色影像常用色别、饱和度和明度来描述，实际应用时，色别用孟塞尔颜色系统的10个基本色调，饱和度用饱和度大、饱和度中等和饱和度低3个等级，明度用高明度、中等明度和低明度3级。

形态：包括地物的几何形状和大小。物体在影像上的形态细节显示能力与比例尺有很大关系，比例尺愈大，其细节显示得愈清楚，比例尺愈小，其细节就愈不清楚，即地物形态根据比例尺在影像上的表现不同。但是，遥感影像上所表现的形态与我们平常在地面上所见的地物形态有所差异。

遥感影像所显示的主要是地物顶部或平面形态，是从空中俯视地物，而我们平常在地面上是从侧面观察地物，二者之间有一定差别，因为物体的俯视形态是其构造、组成、功能重要的甚至是决定性的显示，了解与运用俯视的能力，有助于提高遥感影像的解译效果。

遥感影像为中心投影，物体的形状在影像的边缘会产生变形，因而统一形状的地物在影像上的形状因位置或采用不同的遥感方式而发生变异。例如，地形起伏很大的山区，将因中心投影产生像点位移和各处比例尺不统一，因而引起地物形状和大小的变形。如高差较大、两坡对称的山体，在遥感图像上除像主点外，都表现为一坡宽（似缓）一坡窄（似陡），易使人误判为两坡不对称，而地形起伏不大的平原区，或基本处于水平状态的湖、河等地物，其形态一般不会产生畸变。

阴影：晴天时，高出地面的物体或者物体本身起伏不平总会出现阴影。阴影可造成立体感，帮助我们观察到地物的侧面形态，判断地物的性质，但阴影内的地物不容易识别，并掩盖一些物体的细节，给解译带来不利。地物的阴影根据其形成原因和构成位置分为本影和落影两种。

本影：是物体未被阳光直接照射到的阴暗部分。在山区，山体的阳坡色调亮，阴坡色调暗，而且山越高、山脊越尖，山体两坡的色调差别越大，界线越分明，这种色调的分界线就是山脊线。因此，利用山体的本影可以识别山脊、山谷、冲沟等地貌形态特征。地物起伏越和缓，本影越不明显；反之，地物形状越尖峭，本影越明显。

落影：光线倾斜时，在地面上出现物体的投落阴影，称为落影。可显示地面物体的纵断面形状，根据落影长度可测定地物的高度。

纹理：指在一定的范围内，地物的影像所显示出来的花纹特征，它们往往构成多种多样的图案。影纹图像是由色调、水系、山体等多种因素综合反映出来的。如河床上的卵石较砂粗糙些，草原表面比森林要光滑，沙漠中的纹理能表现沙丘的形状以及主要风系的风向，海滩纹理能表示海滩沙粒的粗细等。

图形：又称结构，是个体可辨认的许多细小地物重复出现所组成的影像特征，它包括不同地物在形状、大小、色调、阴影等方面的综合表现。水系格局、土地利用形式等均可形成特有的图形，如平原农田呈栅格状近长方形排列，山区农田则呈现弧形长条图形。

（2）间接解译标志。自然界各种地物和现象都是有规律地与周围环境和其他地物、现象相互联系、相互作用的，因此，我们可以根据一地物的存在或性质来推断另一地物的存在和性质，根据已经解译出的某些自然现象判断另一种在影像上表现不明显的现象。间接解译标志主要有位置、相关布局等。

位置：指地物所处环境在影像上的反映。地物和自然现象都具有一定的位置，例如芦苇长在河湖边沼泽地，红柳丛生在沙漠，河漫滩和阶地位于河谷两侧，洪积扇总是位于沟口，河流两侧的湖泊是牛轭湖，雪线附近的是冰斗湖等。

相关布局：景观各要素之间或地物与地物之间相互有一定的依存关系，这种相关性反映在影像上形成平面布局。如从山脊到谷底，植被有垂直分带性，于是在影像上形成色调不同的带状图形布局：山地、山前洪积扇，再往下为冲积平原、河流阶地、河漫滩等。

解译标志的局限性和可变性：各种地物处于复杂、多变的自然环境中，所以解译标志具有普遍意义，有些则带有地区性，有时即使是同一地区的解译标志，在相对稳定的情况下也在变化，因此，在解译过程中，对解译标志要认真分析总结，不能盲目照搬套用。

（二）遥感调查的主要内容和方法

遥感地质调查方法是在遥感技术飞跃发展，各种遥感图像广泛利用的条件下，在常规地质调查的基础上形成的，它与常规地质调查的基本区别在于：它是以遥感资料应用为主，工作过程中充分利用已有的遥感资料、航空物探及地面物探资料，通过对遥感图像的系统解译与分析研究，在野外工作之前，即可初步勾出地质解译图，从而大大加强了地质工作的预见性和主动性。

1. 准备工作

（1）收集各类遥感图像，必要时制定新的航空摄影或扫描计划。在进行遥感地质调查之前，除收集和研究工作区地质矿产资料及有关的水文、气象、地貌、土壤、植被、森林资料外，还要收集工作区各类型的卫星图像和航空遥感资料。

根据工作任务和测区的具体条件，还应收集专门类型的图像资料，例如测区范围内有冰川覆盖及沙漠覆盖时，为了对其下伏的基岩进行地质研究，应选用侧视雷达扫描图像；进行水文地质调查时，应收集近红外航空摄影、远红外扫描图像等。

获得遥感图像资料之后，应及时进行整理和编录，航片应以一定比例尺的图幅为单位，每一航带装一袋，注明图幅代号、航带号及航片编号等。

当现有遥感资料尤其是航片不能满足遥感地质调查的要求时，例如比例尺过小，摄影质量差，或者摄影季节、时间等不当，地质解译效果很差，严重影响遥感地质工作质量，则需要重新安排摄影。

(2) 镶嵌影像图。当工作面积较大时，需将一组互有重叠的航片或卫星图像镶嵌成整幅影像图，若镶嵌所用的图像是经过纠正的，镶嵌后称为影像平面图；若所用图像未经纠正，则称为影像略图。

镶嵌相片略图常用隔号镶嵌的方法，沿航线方向切割线可减少一半，使每张相片的篇幅增大一倍，地质构造的连续性和整体概念较逐片镶嵌为强，而且使用一套相片可以镶嵌成两张影像略图，但镶嵌的误差相对较大，有的表现为地物的错断，在相邻两张相片接缝两侧，都同时出现某些同一地物影像，形成"双影"；有的表现为地物的缺失，在相邻两张相片接缝处，某些地物影像被切掉，在略图上找不到。

利用未纠正的相片进行山区影像略图的镶嵌时，错断现象不可避免，重叠和缺失现象也不能同时消除。在镶嵌过程中，为了防止因相片偏转而给以后的镶嵌带来更严重的后果，要求镶嵌时要保持每航带的方位及各航带间距的一致性。

镶嵌影像图的具体步骤和方法为：

①准备镶嵌工具和材料：切割刀、透明胶带、细砂纸、毛巾、胶水、底板、主体镜等。

②在底板上编排相片：先初排，后精排。初排是为了调节图面在底板上的位置和了解产生误差的程度。初排时，先求出被镶嵌的各张相片的像主点（若是卫片则需绘出经纬度），再在底板上蒙上一层衬纸，将相片按航线和预定的重合高度依次按影像编排于衬纸上，依据略图周边调节好位置与方位，再对出现的过大误差作适当调整之后，将每张相片的像主点刺透到底板上。精排时，先将图幅中心的一层相片用透明胶纸暂固定，而后逐步向四周作放射状、环状伸展，边精排边对误差过大的地段进行调整，直至完成全幅的编排工作。

③切割相片：先确定切割线，一般先用特种铅笔将切割线画在相片重叠部分的中部，使之呈圆滑曲线，以避开重要地质要素、重要地物和线状地物的交叉点等。

④粘贴相片：粘贴前将相片背后用细砂纸适当打磨，涂匀胶水，然后逐一对准粘贴，挤出气体和多余胶水，最后压以重物，等待全干。

⑤影像略图的整饰：包括用墨汁圈定图边，在图框上书写图名、图号、近似比例尺、制图时间、单位和编制者等。

⑥调绘片与清绘片的准备：使用航片进行大比例尺遥感地形调查时，常将一套相片按每航带的单双号分成两套，一套用于野外刺点、调绘，最后做实际材料图保存，此套航片称调绘片。另一套做成图用，称清绘片。由于各个清绘

片之间都有一定的重叠，为了避免各个相邻清绘片上的地质构造界线间不必要的重合和产生断漏，应先将每张清绘片划定一个清绘范围。

2. 遥感图像的概略解译　目的在于了解测区的自然地理概况，熟悉地质构造轮廓和特点，初步掌握相片的可解程度，解译后编制概略解译图。一般先在卫片影像略图上进行宏观分析，之后选择重点地段进行立体镜下解译。

勾绘测区地质构造轮廓界线：如地层（或岩性）界线、岩体的界线、褶皱轴线、断层线及有代表性的地层产状等。

圈出存在关键性问题的地段：在地质研究程度不高和地质构造复杂的地区，常常存在一些重大的地质问题，在概略解译时如果能将其圈出将有利于提高遥感地质调查的成效。

概略解译的成果可直接勾绘在影像略图上，也可以勾绘在蒙于相片上的透明纸上。在进行概略解译的同时，还要对遥感图像的地质解译效果进行分区，以便更合理地计划安排遥感地质调查工作。

3. 建立遥感图像解译标志

（1）地质解译标志。遥感图像能够真实地记录分布在地壳表面的三大岩类的波谱特征。但是由于所处大地构造位置、区域构造背景、地貌单元和海拔高度、气候带和地理位置的不同，使得岩石成分、结构构造、风化类型与覆盖程度有所差别，此外尚有遥感图像获得时的气候、光照和冲洗条件因素的影响，三大岩类的波谱特征和形态特征可以有较大的变化，在不同地区岩性解译的效果和解译程度大不相同。

①沉积岩的解译标志：沉积岩本身没有特殊的反射光谱特征，因此单凭光谱特征及其表现，在遥感图像上较难与岩浆岩、变质岩区分开来，必须结合其空间特征及出露条件，如所形成的地貌、水文特点等将其与其他岩石区分开来。

沉积岩最大的特点是具有成层性。胶结性良好的沉积岩出露充分时，可以在较大的范围内呈条带状延伸。在高分辨率遥感图像上可以显示出岩层的走向和倾向。坚硬的沉积岩常形成与岩层走向一致的山脊，而松软的沉积岩则形成条带状谷地。沉积岩由于抗侵蚀程度的差异和产状的不同，常形成不同的地貌特征。

坚硬沉积岩：坚硬沉积岩常形成正地形，较松软的泥岩和页岩常形成负地形。水平沉积岩常形成方山地形、台地地形或长垣状地形。倾斜的、软硬相间的沉积岩常形成沿走向排列的单面山或猪背岭，并与谷地相间排列。

可溶性沉积岩：在不同的气候带下形成不同的地貌特征。在高温多雨的气候带内，岩石被溶蚀的速度快，形成各种典型的喀斯特地貌，在半干燥和干燥区，化学溶解作用较弱，因而石灰岩成为抗物理风化较强的岩石，地表缺乏典型的喀斯特地貌，但是地下喀斯特地貌现象有不同程度的发育，形成地面水系比较稀少，山地成棱角清晰的岭脊，在有区域地质图的情况下，可以通过反射光谱特性曲线，以及空间特征、水系等特点与其他岩石区分开来。

碎屑岩：碎屑岩在遥感影像上一般呈典型的条带状空间特征，边界较清晰。形成的山岭、谷地也较清晰。砂岩层面平整，厚度稳定，以条纹或条带夹条纹特征为主，一般形成缓和的陇岗地形，较坚硬的砂岩形成块状山，且水系较稀少。黏土层和粉砂质页岩水系较为发育，一般不形成山岭，总体反射率较低，在遥感影像上色调较深。砾岩反射率较低，在影像上多呈团块状、斑状等不均匀色调，层理不明显，经风化剥蚀的砾岩表面粗糙，疏松的陆相碎屑岩由于形成的地质年龄较短，大都直接与形成的地貌有关，其地貌形态特征成为主要的解译标志。

②岩浆岩的解译标志：酸性岩浆岩以花岗岩为代表。在影像上色调较浅，易与围岩区别开，平面形态常呈圆形、椭圆形和多边性，所形成的地形主要有两类：悬崖峭壁山地、馒头状山体和浑圆状丘陵。前者水系受地质构造控制，后者水系多呈树枝状，沟谷源头常见钳状沟头。

基性岩浆岩色调最深，大多侵入岩体容易风化剥蚀为负地形，喷出基性玄武岩则比较坚硬，经切割侵蚀形成方山和谷地，台地上水系不发育，遥感影像上在大片的暗色调背景下呈花斑状色块，周围边界清晰。

中性岩浆岩的色调介于两者之间，大片喷出岩如安山岩类在我国东部地区构成山脉的主体。岩体常被区域性裂隙分割成棱角清楚的山岭和Ⅴ形河谷，水系密度中等。中性的侵入岩体常形成环状负地形。

③变质岩的解译标志：变质岩保持了原始岩类的基本性质与形态特征，因而遥感影像也与原始母岩的特征相似。只是由于经受过变质，使得影像特征更为复杂，识别也更加困难。

石英岩及大理岩类色调比较浅，浅色至白色，岩石强度大，抗蚀力强，形成正地形；层理不清，但节理发育。其中石英岩由砂岩变质而成，经过变质作用后，SiO_2矿物更为集中，色调较浅，强度增大，多形成轮廓清晰的岭脊和悬崖峭壁；大理岩和石灰岩相似，地形较陡，常具有岩溶现象，为光秃圆滑山脊，有较深的冲沟发育，植被少。

千枚岩和板岩的影像特征与细砂岩、页岩相似，易于风化，多形成低丘、岗地或负地形；地面水系发育，沿片理或板理方向发育着稠密的侵蚀网，常形成棱角明显的梳状地形，平行状或格子状水系。千枚岩色调较浅，板岩一般色调较暗，地面坡积物多，影像上显示出不规则形状的斑点。

片岩及片麻岩影像特征与酸性岩浆岩相似，层理模糊，呈扭曲密集的波纹状、片理、片麻理为主要影纹,但特征不显著,仅在物质成分差别明显时才显示出条带,条带呈不连续的近似平行的波状影纹。片岩地区常分布有格子状水系,梳状地形,往往形成紧密平行的脊岭及线状低洼带;片麻岩形成的山脊为粗而浑圆的正地形。

④松散沉积物的解译标志:构成地貌的松散沉积物成因复杂,岩性多样,在遥感影像上解译识别的依据也不同。

残积物:残积物大都分布在平缓的分水岭上,其成分与母岩有密切的关系。花岗岩上形成的残积物中,长石常被分解成黏土矿物,而石英破碎成沙残留在原地,且与花岗岩具有相近的色调特征。石灰岩的残积物因 Ca^{2+} 易被溶解流失,而残留的铁质矿物成为残积物的主要成分,故与母岩石灰岩形成不同的色调,在高分辨率遥感影像上呈现出石灰岩与红黏土构成的花斑状特征。

坡积物:主要分布在山坡上和坡麓地带,常成半棱角状,分选性差,由片状暂时性水流和重力作用形成,在低分辨率的遥感影像上较难识别,在高分辨率的影像上可以看到坡麓地带更多的堆积锥体连成的坡积裙。

洪积物:形成于冲沟和暂时性小溪流的出口处,以沟口为顶点,常呈扇形或锥形,物质较细的形成坡度较缓的扇形,颗粒较粗的常呈锥形。在同一洪积扇内,靠山谷口处堆积的物质较粗,向外物质逐渐变细。谷口的地下水在扇顶处渗入地下,至洪积扇的前缘地带潜水露出地面成为泉水或池塘、沼泽。

冲积物:是常流河沉积的产物,在河流纵比降大的山区河谷内常以卵石等粗粒堆积物为主。在平原河谷中,冲击物由沙、粉沙、黏土等形成。在现代河流的两侧,地面平坦,分布的冲击物多被开垦为农田或成为建设用地。

湖积物:由现代湖泊或古湖泊堆积而成,现代湖泊堆积物分布在湖泊水体的周围。湿润地区湖泊堆积物细小而富含有机质,因而反射率低,色调较深,常有芦苇等水生植物生长。干燥地区的湖泊周围常形成盐碱地,反射率高,影像上色调较浅。湿润区的一些古湖泊地区常有成片的"河湖不分"的水系,由于地下水埋藏不深,地面湿度大,影像色调深,可指示古湖泊的范围。

冰碛物:是由冰川作用和冰水作用形成的堆积物。分布于现代冰川活动区和古冰川活动区及周围地区。现代冰川堆积物的识别比较容易,这是由于冰川活动堆积物大小混杂,无分选性,影像色调较深,与冰川有很大的反差,在遥感影像上可以清楚地看到它的边界,特别是高分辨率遥感影像上,能反映出冰碛物堆积的形状、低反射率、表面粗糙等特征。按照冰碛物在冰川谷地内分布的位置,可确定它们是侧碛、中碛或尾碛。古冰川堆积物常成不规则的垄岗状,垄岗间有排水不良的沼泽地,可作为间接的解译标志。

风积物:可分为风成沙地和风成黄土。风成沙地主要堆积为沙丘、沙垄等,遥感影像上明显的特征是:大都为无植被或少植被覆盖区,反射率很高,具有特殊的沙丘、沙垄等标志。风成黄土堆积受原始下垫面地形的影响,其影像特征表现为高反射率、浅色调,多被利用于旱作耕地。由于黄土物质易受侵蚀,地面沟谷密度大,多成不对称羽状水系,在中低分辨率的卫星遥感影像上,构成花生壳状纹理,在高分辨率的遥感影像上,可识别出黄土沟谷的深度,推断出黄土沉积物的大概厚度。

(2) 地质构造识别标志:

①水平岩层的识别:在低分辨率的遥感影像上不容易发现水平岩层的产状,在高分辨率的遥感影像上可发现水平岩层经切割形成的地貌,并可见硬岩的陡坡与软岩形成的缓坡呈同心圆状分布,硬岩的陡坡具有较深的阴影,而软岩的色调较浅。

②倾斜岩层的识别:倾斜岩层在影像上形成彼此平行、疏密相间、色调深浅不一的条带,这些条带随着倾斜岩层走向延伸,条带可呈宽而疏的缓产状,或窄而密的陡产状。坚硬的倾斜岩层产状缓时形成大面积的单面山,产状陡时形成成排的猪背岭,直立的岩层则呈现栅状纹形。

③褶皱的识别:褶皱构造由一系列的岩层构成。这些岩层的软硬程度有差别,硬岩成正地形,软岩成谷地,因此在遥感影像上会形成不同色调的平行色带,选择其中在影像上显示最稳定、连续性最好者作为标志层。标志层的色带呈封闭的圆形、椭圆形、橄榄形、长方形或马蹄形等,是确定褶皱的重要标志。在水系形态上,由褶皱形成的褶皱山水系多为放射状和梳状。若褶皱成谷,则水系一般为向心状。在岩层产状上,不论是山还是谷,岩层产状都是有规律地以褶皱轴为中心呈对称分布。

④断层的识别:断层是一种线性构造,在没有疏松沉积物覆盖的情况下,在遥感影像上都有明显的特征,表现为线性影像。有两种表现形式:一是线性的色调异常,即线性的色调与两侧的岩层色调都明显不同;二是两种不同色调的分界面呈线状延伸。除了这两个基本影像特征之外,还必须对断层两侧的岩性、水系和整体地质构造进行研究,才能确定是否是断层,特别是在高分辨率的遥感影像上,可以通过对地层的鉴别确定断层,如地层的缺失和重复,走向不连续使两套岩层走向错断、斜交等,这对于判断与岩层走向一致或角度相近的断层是重要的标志。

(3) 地貌解译:

①流水地貌的影像特征:

山麓区河流地貌:干旱区山麓带洪积扇、冲积锥广泛发育。在遥感图像上两者的单个形态都呈扇形,冲积锥坡度较大,规模较小;洪积扇坡度较缓、规模较大。冲积锥与短小山地河流相关，洪积扇与长大山地河流相关。两种地貌的表面都发育有扇状水系，现代河床相的粗大物质在图像上色调最浅，洪积扇顶部或中上部，由于组成物质粗大，且水流下渗，色调明亮度较浅，上具暗色斑点；而边缘部分物质较细，且有地下水接近地表甚至溢出地面，又因植被较多和地表沉积物湿润而色调均匀、较暗。但在干旱地带洪积扇前缘却常因为表面有盐碱而使色调变得很浅。洪积扇在山前连成一片的组合形态成为山前倾斜洪积平原，但仍可看到扇间的交接洼地，在图像上呈现偏深色调。

侵蚀沟：一般呈线状影像，平沟中若有较多沙砾堆积，色调则偏浅，在黄土区航片上沟头的类型和沟头上部的面蚀和潜蚀形迹也可识别出来。侵蚀沟的形态特征主要取决于岩性。粗粒的、透水性好的坚硬砂岩形成V形沟，沟头多呈缓浅集水盆地，沟床坡陡而均匀；黄土状土层形成U形沟，沟头呈圈椅状陡坎，河床成多级陡坎的复合坡；黏土状土层透水性差，形成碟形沟，沟头呈线形，割切浅，沟底坡缓。侵蚀沟谷在平面上的形态：一般在均匀岩性上，如没有构造控制时，呈树枝状，当受构造控制时，则为束状树枝状或格状树枝状。

山区河流地貌：在整体抬升的山区，深切曲流地貌发育，遥感影像上常见如下组合图形：V形狭窄河谷，单一完整深切的河曲，残留的环形干谷，离堆山，沿河展布的不对称阶地等。在岩性软硬层相间的向斜、背斜交替构造山区，穿越形成的河流地貌在遥感影像上常见如下组合图形：河谷狭宽、河床陡缓和河流直道弯道交替出现，阶地呈不对称沿河继续展布，河谷中偶有假阶地和心滩。

山区河流的阶地是各种各样的，在影像上的特点也不同。阶地面向河床平缓倾斜，色调较浅，由于冲积物的成分不同，常形成不同的花纹图案。阶地面上常有居民点、耕地及土路。阶地陡坎，背阴时为暗色，向阳时为浅色，呈窄条带状延伸。

侵蚀阶地：由于阶面和阶坎全由基岩组成，色调较松散冲积物组成的阶地要暗。

基座阶地：由于阶面和阶坎的物质组成不同，所以色调表现不同，阶面色调较浅，而阶坎则色调较暗，两者之间有明显界限。

堆积阶地：由于阶面和阶坎全由松散冲积物组成，故影像色调较浅且均一。

平原区河流地貌：在构造下沉区，河流以堆积作用为主，形成冲积平原。平原区河流多表现为曲线形式，有时由于受构造运动的影响，某些河段呈直线和折线形式。平原区河流地貌因形成条件不同而有各种类型，其图形组合也不同。

曲流型河流地貌：是在河流携带泥沙不多，流量变化不大，洪水漫槽机会少，平原比降小，构造下沉的条件下形成的，在遥感影像上表现的图形组合有自由曲流、曲流环、牛轭湖、曲流痕、堤外泛滥平原和迂回扇等。

游荡型河流地貌：在河流泥沙量大，流量变化幅度大，河床非常宽浅的条件下形成的。遥感影像下显示的重要图形组合有：河水流路不定，水流交织成辫状，河床内支汊繁杂；河床与自然堤高出两旁地面，形成地上河，古河道的决口扇比较发育。

弯曲型河流地貌：在介于上述两者之间的条件下形成，在遥感影像上显示的图形组合有：河流直道和弯道交替出现；河道有分岔但不繁杂，岔道深刷、淤死，或侧方移动不定，岔道间江心洲的轮廓和位置也不固定，其消长遗迹在大比例尺影像上清晰可辨。

山间盆地区河流地貌：被山地包围的山间盆地，其边缘地带是洪积扇联合组成的洪积倾斜平原，中心部分或者有大河流过形成冲积平原，或者由于气候极为干旱而不存在经常性河流，而有规模极大的山麓。山间盆地中可以有长大的河流，它的尾闾常是湖泊。

②冰川与冻土地貌的影像特征：现代冰川在图像上呈现洁白色的明亮色调，表面光滑，易于辨认，有助于确定冰川的分布范围，计算它的覆盖面积和储量。用不同时相图像进行对比，还可查明冰舌的进退和雪线高度的变化，从而推断冰川的积累和消融。正在发展的冰川具有均匀的浅白色调，退化的冰川具有较深的色调和斑点状花纹特征。利用遥感图像可确定不同的高度、不同气候带的冰川类型，如冰斗冰川和山谷冰川等。大比例尺遥感影像可确定冰川地貌的独特形态细节，如冰川槽谷、悬谷、角峰、刃脊、冰斗、冰裂隙及冰碛物等。冰面湖及冰川湖不仅沿走向展布有明显的形态特征，而且在影像上深黑色调与浅白色冰川呈鲜明对照。一般遥感影像有时也可识别巨大的古冰蚀地形和古冰碛地形，前者色调偏浅，后者色调偏暗，总的图形呈花斑状图案。

冻土特征有独特外貌，多边形土是冰缘冻土区常见的典型地貌现象，它们大小不一，呈蜂窝状图案。融冻泥流呈浅白色或深暗色的飘带状，石海呈不均匀浅色调的斑点状图案。流路窄宽不定的串珠状河流也是冻土区常见的现象。微微高出地表的冻丘多成群出现。在冻丘群出现的地方，往往地下水发育，常见地下冒出泥浆，在影像上表现为色调紊乱的图案，且结构粗糙。

③风成地貌的影像特征：风成地貌主要发育在干旱半干旱地区，在松散岩层上最显著的风蚀地形是风蚀洼地和雅丹地形。它们的展布方向都与盛行风向平行，前者为规模大小不一的浅圆洼地，后者为无数条深度浅而延伸长的凹

槽。在沙漠的某些地区，常有盐类硬壳，由于表面光滑，色调灰白，在影像上易于辨认。在坚硬岩层上，风蚀作用除造成局部凹槽外，更多的是刻画，加大扩大那些已有的节理、裂隙、断层等软弱部分，使得构造形迹特别突出。某些破碎带被风蚀后，填充了沙子，在影像上表现为明亮的线条。风积作用多发生在有地形阻挡和风力衰减的地区，形成的地貌主要是各种沙丘。风积沙丘在图像上都呈浅亮色调，而阴影部分呈深色调，沙丘间的洼地、湿地等含水多的部分色调多灰或深暗，而泉水无论大小都呈显眼的黑色斑点。在卫片上，根据沙丘组合的宏观展布特征，可以确定沙丘的类型，如沙丘链、沙垄等。各种类型的沙丘图像，有的是连片的，有的呈斑状、条状和点状，其表面起伏呈各种各样的波状，根据波形的展布，可以确定当地的优势风向。依不同时相卫星图像中显示的地面干湿状况、植被有无和疏密程度等的对比，还可解译沙丘的动态变化。根据丘陵地形的综合图像异常，可揭示下伏的基岩构造图像。

④岩溶地貌的影像特征：遥感影像上最明显的岩溶地貌是溶沟，呈线状或菱形网格状图案，受石灰岩岩性和地形控制形成的溶沟呈脑纹状图案。

峰林地貌在大比例尺立体影像上可解译出不同形态，常见的有锥状和筒状两种。前者在倾斜岩层区发育，后者在水平岩层区发育。在小比例尺影像上，它们呈深色调密集的斑点状图案，也有呈橘皮状或花生壳状花纹图案。

溶蚀状漏斗在影像上呈深色调，底部若有松散沉积填充，则呈灰白色。溶蚀洼地的影像表现不如漏斗直观明显，底部经常堆积有松散沉积物，色调较浅。坡立谷盆地边缘常表现出线性特征，且发育有漏斗、落水洞和峰丛，盆地中间有大河，峰林和松散沉积发育，前者色调多暗，后者色调较浅。沿灰岩与其他岩石接触面发育的坡立谷呈长条形，谷形不对称，灰岩壁陡，非灰岩壁缓。沿断裂带发育的坡立谷谷底较平坦，亦呈长条形，沿向斜轴发育的坡立谷多菱形或椭圆形。

石灰岩分布区的影像上，有时可看到呈线状断断续续出现的盲谷。分析盲谷、干谷、成串漏斗等在影像上呈线状展布的特征，可确定地下暗河的存在。岩溶的综合图形在卫星影像上呈斑块状、菱格状图案，在航片上呈点、坑、沟交织的图案。

⑤湖泊地貌解译：在遥感图像上，能够观测到湖泊的地理分布、形态、大小、清浊，还可以解译出湖盆的成因和湖泊的演变状况。各种成因的湖泊都是自然综合景观的一部分。

（4）土壤和土地资源：

①土壤类型的解译：土类是由区域生物气候条件决定的，需要根据调查区土壤的水平地带性和垂直地带性及非地带性与人为耕作熟化等方面的情况来确

定。例如，暖温带阔叶林下形成的棕壤，次生黏土多，剖面有黏化层，含铁矿物多而呈棕色，通透性较差。但是，这些特性中，只有植物因素能由遥感图像直接反映出来，其余特征就要依靠所在的地理位置说明。

亚类是在成土过程中受局部条件的影响使土类发生变化而划分出来的，如不同的地形、植被条件，会使水热形成差异。例如，山东省棕壤地区，缓坡及山麓地带为土层较厚的棕壤亚类；在陡坡及植被稀疏的坡地为棕壤性土亚类；在河谷低阶地上，潜水位高，常为潮棕壤亚类。因此，地形和植被的特征就可以成为本区土壤亚类的遥感识别标志。

土属主要以地区性条件为依据，如地貌和母质。华北地区可依据残积、坡积母质、黄土状母质、洪积冲积母质、湖相及海相沉积物、人工堆积母质等来划分土属。各种母质都有一定的形态特征和图案特征，可作为土属识别的标志。

土种根据一定的土壤剖面及其土体构型为依据划分，遥感图像虽难以达到要求，但可以作土壤剖面的定性辨别。如在棕壤性土壤中，可根据地形、母质的含砾石程度来推断土层的厚薄。因此，在土壤调查研究中，对土种的图斑需要进行补查。

②土地资源利用类型的解译：在遥感图像上，不同的土地利用常构成一定的几何图形，不同的地物之间在空间上具有一定的联系。如水田，大都有方格状或四边形的畦埂图形，位于平原地区的都集中连片，并有灌溉渠系与之配套。梯田多分布于山坡、谷地、阶地，依地势呈阶梯状，田埂图形随谷凹脊凸呈平行等高线延展在航片图像上。菜地畦垄清晰可辨，形成分割较小、色调多样的细栅状图案。山区旱地一般以单向条垄状图形为主，旱地田块轮廓因平整程度的粗细而反映出整齐程度的不同，山区旱地常有侵蚀沟系相伴随。在黑白全色相片上，耕地的色调为：土壤湿润的呈暗色，干燥的呈亮色，经耕翻过的会呈现暗色条纹。作物发育盛期影像呈暗色绒毛状条垄，而黄熟季节又呈淡灰色绒毛状条垄。间作套种则呈深浅相间的影像，在彩色红外航片上，作物封行的影像都呈鲜红色。

林地以粗粒状有立体效应的像对图形为特征。针叶林影像呈致密粒状，阔叶林树冠近似蓬松球状，密集时呈圆点。在全色相片上阔叶树色调比针叶树浅，在彩色红外影像上呈紫红、橙红色。经济林中的果园、茶园等具有行列整齐的粒状影像特征。

城镇为包含有主干街道的居民点，并有主要道路与周围地区相连接，由不同大小矩形方块图形组成；立体像对构成有层次的三维图像。工厂区、商业区、学校区布局结构有差异。乡村居民区呈不规则的地块图形，有道路与附近居民区相互沟通。

公路呈弧形或较直的淡色曲线，曲率规则，路基有填方或挖方，以保持路面的一定坡度。土路呈弯曲细线，顺地形起伏而延伸。

湖泊、池塘大都位于洼地中心，在全色相片上呈暗色，在彩色红外航片上呈深蓝色。水库上游有河流注入，下游有横列状的堤坝拦住，通过溢洪堤泄水。河流因受地质地貌条件的控制，主干河流系统往往形成正弦曲线，而支流水系往往形成方格状、树枝状、扇状、平行状等结构形态。

（三）遥感制图

遥感图像用于各种制图，改变了长期以来各种地图、文字资料和统计资料的来源，并使编图资料的现实性和制图工艺等方面都发生了明显的变化：卫星遥感覆盖全球每个角落，使制图资料无空白区；卫星遥感对地球上任何地区都进行周期性重复探测，使每一个地区均可以获得不同日期、不同月份和不同季节的动态制图信息，为地图的动态分析应用提供了物质保证；卫星遥感可以及时提供同一时相、同一波段、统一比例尺、同一精度的制图信息，为缩短成图周期、降低成本提供了可能；以二进制数字形式记录在磁带上的卫星遥感图像信息，便于计算机的自动处理与制图。

利用遥感图像制图的基本步骤如下：

1. 选择遥感图像

（1）波段选择。地面不同物体在光谱波段上有不同的吸收、反射特性，同一类型物体在不同波段的图像上，其影像灰度和形状具有较大差异。因此，区分和识别地物的有效手段，就是依据不同解译对象选用不同波段的图像。除运用单波段遥感图像外，一般是通过合成影像进行判读分析的，正确确定不同波段的最佳组合方式，是获得理想判读结果的重要途径。

（2）时相选择。遥感图像的成像季节直接影响专题内容的解译质量。由于遥感图像的影像特征具有明显的地方性，因此对其时相的选择，既要根据地物本身的属性特点，又要考虑同一种地物不同地域间的差异。编制地质地貌图，以地膜覆盖少、利于地质地貌内在规律和分布特征显示的秋末冬初或冬末春初的图像为最佳。编制土地利用或土地覆盖方面的地图，宜选用判读各种植被最佳的时相。

2. 加工处理遥感图像

（1）图像预处理。地面接收站接受的原始图像或数据，因受到卫星运行中的侧滚、仰俯等飞行姿态和飞行航道与航高的变化，以及传感器光学系统本身产生的误差，图像在产生、传递和复制等方面的影响，常常引起遥感图像的几何畸变和影响图像灰度、灰阶的辐射误差等，结果使图像模糊、变形。因此，在图像的生产过程中要进行粗加工、精加工和特殊处理，目的在于消除遥感器外部和内部的各种系统误差造成的影响，进一步提高卫星图像的精度和质量，并使卫片的图像信息转变为适合于计算机使用的磁带，以便随时通过计算机显示图像，生产不同比例尺的相片以及显示许多相片无法表示的信息。经特殊处理的计算机磁带，可以用于自动识别、自动分类和制图。

(2) 图像粗加工处理。地面接收站接收的原始图像或数据，根据事先存入计算机的相应条件进行纠正，并用坐标计算程序加绘地理坐标，制成具有正射投影性质的粗制产品。

(3) 图像精加工处理。为进一步提高图像的几何精度，利用地面控制点精确地校正粗加工处理后的图像面积和几何位置误差，将图像拟合或转换成一种正规的地图投影形式。

(4) 图像增强处理。通常情况下，用经过预处理的遥感图像进行解译是困难的，因为许多地物的电磁波特征相似，目视难于区分。为此，需要用一些方法扩大地物波谱的亮度差别，使各种地物轮廓分明、易于区分和识别，以充分利用遥感图像所获取的信息。图像增强的方法主要有图像光学增强处理和数字增强处理两类。图像光学增强处理主要采用彩色合成、密度分割、反差增强、边界增强、比值增强等方法进行，通过人为地加大各种影像的密度差，或以色彩的明显差异代替影像密度之间细微的差异，以便于判读者识别。图像数字增强处理是借助计算机将图像的密度差加大，从而获得一幅更清晰图像的方法。主要采用反差增强、边缘增强和比值增强等方法。

3. **解译遥感图像**　遥感图像解译的方法主要有目视解译和计算机解译两种：

(1) 目视解译。即用肉眼或借助简单的设备来观察和分析遥感图像的灰度和色调。一般有下列几个阶段：

解译准备：收集资料，熟悉情况，制定工作计划等。

建立解译标志：通过图像资料的对比、分析，以及实地的对比、验证，建立各种地物在不同遥感图像上的解译标志，并选定典型样片，供解译时借鉴。

解译：通常采用直接解译、对比分析和逻辑推理方法。解译后获得相片解译草图。

野外验证：将解译草图带到现场，进行抽样调查，采集标本和样品，补充修改解译标志，验证各类物体的界线，核实疑点，修改和完善解译草图。

成图：将经过验证的解译草图转绘于聚酯薄膜或相片平面图上，最后清绘成图。

(2) 计算机解译。利用存储遥感图像信息的数字磁带在计算机上进行解译，以解决地物的分类问题；得到所需分类结果的数字信息，再经数图转换后输出，通过计算机自动成图。计算机的外围设备中还有监视分类的监视器，可以直接得到理想的结果。具体方法主要有比值分析法、图形识别法、聚类分析法和训练场地法等。

4. 编制基础底图　用于遥感图像制图的底图，必须有合乎要求的数学基础和地理基础，为转绘影像图上的专题内容提供明显而足够的定性、定量、定位的控制依据，以提高专题要素描绘的科学性和准确性，有助于各要素间的统一协调。要求底图的数学基础能够适应由影像图转为线划图的需要，国家基本比例尺地形图的地理要素要与影像吻合。

5. 转绘专题内容

（1）目估转绘法。当成图比例尺较小，精度要求不太高，图版界线又较简单时，可以采取此法转绘。具体做法是：先将解译并用铅笔线画绘在聚酯薄膜片上的专题图蒙在影像基础图上；然后将绘有等高线等地理要素的线划基础底图蒙在另一张影像基础底图上，以其地理基础要素和两张影像基础底图上相应的影像作控制，用目估方法将解译在聚酯薄膜片上的专题要素图斑轮廓界线转绘到线划基础底图上。

（2）蒙片转绘法。当解译的铅笔线划图与线划基础底图的比例尺完全一致时，宜用此法转绘。即将供转绘用的线划基础底图蒙在绘有解译专题要素图斑轮廓界线的聚酯薄膜线划图上，以坐标网、水系、居民区等基础要素作控制，按先中央后边缘的顺序，分块叠合蒙绘。

（3）仪器转绘法。当用于解译的基础影像与用于转绘的线划基础底图之间的数学基础不一致时，则需采用卫星图像转绘仪进行转绘。

6. 整饰复制　对转绘完的底图图稿经校核无误后，即可进行清绘、着色等一系列整饰工作，制成专题地图的编绘原图；若需要印刷复制，则清绘成印刷原图，再交付印刷。

五、典型的地质地貌教学实习路线

地质学与地貌学野外教学实习是地质学与地貌学的基础教学实践环节，它不是课堂所学内容的重复，而是一次具体的、较系统的重要教学过程，是极为重要的教学环节。其主要是为了巩固课堂的理论知识，丰富实践经验，真正达到地质学与地貌学的教学目的。地质学与地貌学野外教学实习的目的包括：

（1）通过野外教学实习，了解一定地区的地质地貌概况、地貌单元的划分、特征及分布规律；

(2) 通过野外教学实习，使同学们能更好地掌握课堂理论教学内容，感受大自然是地质学与地貌学的天然大课堂；培养和训练学生理论联系实际的能力，运用所学知识去认识各种地质现象、各种地貌类型，并分析他们的成因。

(3) 通过实习路线踏勘来掌握地质学与地貌学野外观察的工作方法和基本技能。

(一) 山东泰山实习

泰山位于东经117°6′，北纬36°16′，地处华北平原东侧，山东中部。海拔1545m，在华北平原上拔地而起，格外壮丽，被誉为"五岳独尊"。由于独特的自然风光和悠久的文化历史，泰山被联合国命名为世界自然遗产和世界文化遗产。泰山还是我国著名的地质公园，以它漫长的地质历史、复杂的地质构造、丰富的地学内容而名扬于国内外地学界，每年都有大量地学界的科学工作者来泰山考察和研究，更是各大专院校进行地学实习的好去处。以下将泰山有关地质实习的内容作一简要介绍。

1. 地质历史　泰山形成的历史可以上溯到25亿年前的太古代。在太古代时期，泰山地区曾经是一个巨大的沉降带，堆积了厚厚的泥砂质岩石和基性火山岩。在泰山运动的影响下，褶皱隆起成为规模宏大的山系，耸立在海平面之上。同时，岩层发生了强烈的褶皱，并产生了一系列断层，岩浆活动也十分剧烈。在地壳运动和岩浆作用下，岩石遭受强烈变质，形成了今天在泰山上看到的各种变质岩和岩浆侵入体。

古泰山形成后，在元古代时期本区一直处于稳定剥蚀阶段。经过十几亿年的长期风化剥蚀，地势渐趋平缓。进入古生代，华北地区大幅度沉降，古泰山也沉没于海平面以下，本区成为海洋。一直接受沉积至中奥陶世，因而在泰山群古风化剥蚀面上，沉积了近2000m厚的海相地层，即寒武纪和奥陶纪的页岩和石灰岩。中奥陶世末，发生了加里东运动，整个华北地区又缓慢上升为陆地，本区再次处于稳定剥蚀阶段，这种情形延续到中石炭世。所以本区缺失了晚奥陶世、志留纪、泥盆纪和早石炭世的地层。中石炭世以后，本区地壳动荡，海陆交替，沉积了中—晚石炭世的海陆交互相含煤地层，在泰山上现已看不到这一地层。以后的二叠纪、三叠纪、侏罗纪、白垩纪，甚至第三纪的地层，在泰山本部全部缺失，在泰山周围地区才有这些地层的发育。

发生在侏罗—白垩纪时期的燕山运动，奠定了我国地貌的基本轮廓，对泰山地区的地形也起到了奠基作用。受燕山运动影响，泰山南麓产生了数条近东西向的断层，最南面一条，也是最大的一条断裂，叫泰山山前断裂。该断裂使得北盘泰山本部强烈上升，且北盘南部上升量大，越向北上升越小，从而形成一个向北倾斜的单斜构造。南盘则相对下降，成为下降盆地。新生代时期，在喜马拉雅运动等新构造运动的影响下，泰山沿山前大断层持续上升，逐渐形成巍峨的中山。泰山上升的同时，变质岩上部的沉积盖层不断遭受剥蚀，以至将古生界以后的岩层完全剥蚀掉，成为以变质岩为主的山体。

2. **地层** 泰山及其周围地区出露的地层有太古界，震旦亚界，古生界寒武系、奥陶系、石炭系、二叠系，新生界第三系和第四系；缺失下元古界、志留系、泥盆系和三叠系。

太古界主要为黑云斜长片麻岩、角闪斜长片麻岩、斜长角闪岩和黑云变粒岩，发育完全，广泛出露。在老的地层划分里，把泰山群的地层由老到新分为望府山组、笤帚峪组、唐家庄组、孟家庄组、冯家峪组。由于这一部分地层年代古老，受后来多次构造运动影响，岩系混乱，地层复杂，所以争议较大，划分也多经变更。多数人研究认为，泰山群地层绝对地质年龄在 25 亿年以上，可能有 27 亿～30 亿年。

震旦亚界主要为页岩和泥灰岩，出露零星，分布局限，其下与太古界泰山群呈不整合接触，这部分地层仅有一个土门组，泰山本部没有露头。

寒武系、奥陶系为一套碳酸盐岩和部分砂页岩，缺失早寒武世早期和晚奥陶世的沉积，化石十分丰富。寒武系假整合于震旦亚界土门组之上，在泰山本部多直接覆盖在泰山群之上，与泰山群不整合接触。泰山本部的寒武系有下统的馒头组和毛庄组，中统的徐庄组和张夏组，寒武系上统为崮山组、长山组和凤山组。泰山地区的奥陶系地层距泰安较远，济南附近出露比较多，济南泉群多发育在奥陶系厚层石灰岩中。

石炭系、二叠系中缺失下石炭统，分别为海陆交互相和陆相的砂页岩的含煤地层，多在泰山周围盆地构造中发育，泰山本部没有。侏罗系、白垩系、第三系泰山本部都没有，不赘述。

第四系主要是洪冲积相的砂质黏土、黏质砂土和沙砾层，广泛分布于本区的盆地、平原及山系间河流两岸。

广义的泰山地区地层发育较为齐全，但若仅以泰山本部而论，则主要出露了太古界、下古生界以及第四系地层。

3. **地质构造** 从上面的叙述可以看出，泰山的地层属于双层结构，下面是古老的变质岩结晶基底，上面是古生代及其以后的沉积岩为主的沉积盖层。在漫长的地质历史过程中，泰山经过多次的地壳运动，形成了年代不一的地质构造。泰山主体变质岩分布区的构造以紧密褶皱为主，后期断裂构造亦很发育。

（1）褶皱构造。在泰山本部基底褶皱由西向东依次为：

①冯家峪倒转向斜：处于西南部冯家峪一带，轴线呈 N50°W 方向，由冯

家峪组岩石组成，为一倒转向斜，轴面倾向 SW，倾角 70°～80°。

②傲徕山—大众桥倒转背斜：位于傲徕山—大众桥一带，由登山西路上山时可以见到。为本区混合岩化中心，核部为傲徕山准原地混合花岗岩体占据，轴面倾向 SW，为一向 NW 倾伏的倒转背斜。

③鸡冠山—南台倾伏向斜：位于东北部鸡冠山、南台一带，西翼为李家泉岩体侵据，东翼被头峪—西官庄断层所截，轴线 N20°～40°W，轴面倾向 SW，倾角 70°～80°，由唐家庄组岩层组成，地层产状平缓，为一不对称的倾伏向斜。

(2) 断裂构造。太古代构造走向 N20°～40°W，中生代又继承活动，它既有太古代构造特征，又具有中生代以来的构造特征。中生代有新华夏系、东西向构造和后期联合复合组成的弧形构造。

①泰山山前弧形断裂：这是控制泰山地貌形成的最主要地质构造。它位于泰山南坡坡麓地带，泰山山前平原和山脚之间。自西向东走向，先西北再东西而后折向东北，称为泰山山前弧形断裂，也称泰安弧形断裂。它貌似一条完整的大断层，实际上它的断裂很复杂，包含不同时期不同性质的结构面（大官庄、岱道庵、水牛铺及东西向断裂）。在大河水库一带，断裂带中有早期花岗质岩脉、石英脉、变基性岩脉，且遭受不同程度的破坏。

②东西向构造：上梨园—横岭后断层：长 12km，宽一般 20～50m，断层倾向南，倾角 60°～80°，断层通过处形成断层谷。具角砾岩、碎裂岩及糜棱岩。断层面光滑，呈舒缓波状，发育一组平行裂隙。断层早期为正断层，后期复活显压扭性。

③新华夏系：指发生在燕山运动走向 NNE 大致相互平行的构造带。发育左旋、右旋两次，本区以左旋构造为主，晚期右旋，规模小，时间晚。其中大义山式（NWW 向）断裂活动时间长，从太古代至中生化、新生代都有，大致平行的断层很多，是泰山的主要构造线方向。断裂面倾向 210°～240°，倾角 50°～80°，断层中有花岗质岩脉、石英脉侵入。岩脉又大部分形成断层角砾岩、糜棱岩。泰山式（NEE 向）断裂面倾向 145°～150°，倾角 80°～85°，内为角砾岩，角砾成分主要是花岗质岩石，泥质胶结，说明此组断裂早期以张性为主，晚期有压扭性。后面介绍的岱道庵断层崖就位于这一断裂内。

4. **矿产** 古老的泰山地质历史悠久，经历多次构造运动，地层比较齐全，岩石类型众多，因此矿产也很丰富。

石材——由于泰山杂岩中有大量混合岩化作用形成的混合花岗岩，因而最主要的石材就是花岗岩。花岗岩资源分布广，类型多，储量丰富，如羊栏沟、大地村等处产出的"泰山红"就颇有名气，麻塔、大王庄等处属于煌斑岩、辉绿岩的"泰山青"、"莱芜青",黄前一带属于石英闪长岩的"泰山花"都闻名于省内外。

石英岩——由于泰山群地层形成后曾经多次酸性岩浆贯入,泰山杂岩中可见到大量酸性岩脉,有时甚至是纯的石英岩脉。如大辛庄、大王庄等地的石英岩脉内开采的石英,无色或色白,质纯,远销省外,但由于脉状产出,规模不大。有的岩脉是由长石组成的,也可以形成长石矿。在泰山东南的徂徕山,已探明的伟晶岩脉长石储量就有40万t。

蛇纹石——橄榄岩等超基性岩经蚀变可以转变为蛇纹岩,泰山地区的变质岩系内也有蛇纹石的产出。蛇纹石用途较广,可以作为建筑材料,可以作为工艺材料,在农业生产上是制造钙镁磷肥的重要原料。变质程度较深时还会形成蛇纹石石棉,也叫温石棉,在工业上具有广泛用途。泰山西南麓界首一带建有不少的建材厂、工艺品厂、石棉厂,都是以当地的蛇纹石矿作为原料的。

石灰岩——早古生代的寒武系和奥陶系地层内,石灰岩是主要的组分,此类岩石在泰山地区广泛出露,成为重要的矿产。在泰安—济南间的长清区内,就建有大型的国营水泥厂。

麦饭石——麦饭石产出在安山斑岩等岩石上,岩体多已遭受风化作用。主要斑晶矿物有斜长石及次要的镁铁矿物(如辉石、角闪石)。颜色灰色、暗灰色、淡绿色以至灰红色。经由麦饭石岩层过滤的矿泉水称为麦饭泉。由于麦饭石在医药方面被用来止痛、排浓、收伤口,因此有人称麦饭泉具有预防疾病及防止老化的功能。在泰山南麓的大河水库北及辞香岭等地有麦饭石产出。

木鱼石——是一种粉砂云泥岩,产于泰山下寒武统地层中。呈紫檀色,有沉积纹理,属海相地层。因敲击该岩石时发出似和尚敲木鱼时的声音,因而得名。木鱼石质地细腻,颜色漂亮,可与江南宜兴紫砂壶媲美,富含许多微量元素,所以加工成各种工艺品出售,其中尤以茶壶最具代表性。在其主要产地长清馒头山一带,木鱼石产品已经成为规模产业,有的产品已经远销国外。

燕子石——燕子石是一种含有生物化石的沉积岩。其岩性为泥质灰岩或薄层灰岩,属寒武系地层。其中的生物化石为三叶虫。三叶虫生成于5亿年前的寒武纪,到中生代开始消亡,先后统治海洋达3亿年之久。经过大自然的沧桑巨变,这些三叶虫的遗体形成化石。三叶虫化石正面的尾部,似展翅的蝴蝶,它的残骸的横截面,形状姿态像飞翔的燕子,所以人们将这种石头称为燕子石。燕子石不但是研究古生物的珍贵资料,也是一种独特的观赏石和工艺原料,它可以制成砚台、笔筒、花瓶、扇面、插屏等。泰山和徂徕山之间的大汶河谷地盛产燕子石。泰安火车站附近的蒿里山还产有三叶虫的一个特有种——蒿里山虫。

泰山本部周围地区矿产资源更为丰富多彩。石炭纪、二叠纪的煤炭煤质优良，储量丰富，集中分布在泰山南部的肥城、新汶、莱芜、宁阳等煤田中。泰山东麓莱芜一带有接触交代式铁矿，是中生代闪长岩侵入石灰岩变质作用的产物，矿石品位高，这里的莱芜钢铁厂是大型国有企业。泰山南麓的大汶口盆地内，蕴藏着石盐、石膏、自然硫等多种沉积矿产，这些矿产不但在国内首屈一指，在亚洲也名列前茅。

5. **地貌** 泰山总体属于中山地貌，其主峰玉皇顶海拔高度1 545m，相对高度约1 400m，拔地而起，耸立在华北平原上。泰山为一单斜断块山，南坡陡而北坡较缓，南坡为单斜构造的逆向坡，出山即为山前平原。由于泰山南坡的上升量远大于北坡，南坡侵蚀强度大，形成深沟峡谷、悬崖峭壁的险峻景观。北坡为顺向坡，下古生界沉积岩向北倾斜，地层向北越来越新，倾角约十几度。由中山过渡为低山再到丘陵，直至济南的平原地貌。在新构造运动的影响下，泰山现在仍在以每两年1mm的速度不断上升。若以此速度计，300万年后泰山的高度将增加一倍。据有关专家研究，仅第四纪以来，新构造运动就使得泰山抬升了500m。按照地貌的形态成因分类，泰山的地貌可以分为以下主要类型：

(1) 侵蚀构造中山。主要指泰山主峰周围的地带，海拔高度在800m以上。岩性以二长花岗岩为主，由于花岗岩3组垂直节理发育，受到外力作用风化剥蚀后，形成高山深谷、侵蚀切割强烈的中山地貌。V字形峡谷、谷中谷广泛发育，谷坡很陡，沟谷中的河流常见瀑布和跌水。重力崩塌作用显著，崩塌后常形成绝壁悬崖，如百丈崖、天烛峰等景点。山谷中多见重力堆积地貌，像后石坞山沟内的石河。

(2) 侵蚀构造低山。分布在傲徕峰、中天门、尖顶山、歪头山、蒋山顶一带，海拔700～1 000m。组成山体的岩石主要是二长花岗岩和闪长岩。侵蚀切割虽然不如中山强烈，但地形仍然十分陡峭。

(3) 溶蚀侵蚀构造低山。此类地貌主要分布在泰山外围地带，海拔高度500～700m。既有泰山变质岩系侵蚀形成的，也有底部为泰山群基底，上部为古生界沉积盖层具双层构造的。变质岩系组成的山岭外形呈三角形，顶部浑圆，山坡较为平缓，沟脊相间，坡脚坡—洪积物发育。山体若为双层构造的，其顶部常为寒武系的厚层石灰岩。由于灰岩结晶致密，抗风化能力强，主要是化学风化过程，所以经常有方山地貌形成。山体上部呈现直立陡壁，下部则为容易破碎的页岩或泰山群变质岩，坡度骤然减缓。方山地貌以长清张夏馒头山最为典型。如若干灰岩顶部相连，就会形成长垣形岭脊。

(4) 溶蚀侵蚀丘陵。主要分布在泰山北部边缘地带，海拔高度300～

500m，多为下古生界的石灰岩和页岩。岩石风化过程以化学风化为主，侵蚀切割比较微弱，地形低矮平缓，沟谷不发育。在平缓的山坡上，经常见到被溶蚀的石灰岩形成的石芽和溶沟相间排列的微地貌。这种溶蚀残留的岩块由于千孔百窍，外形奇特，有的采挖出来可以作太湖石。

（5）侵蚀丘陵。多分布在泰山南部边缘地带，西起大河经虎山东至黄前一线，海拔高度在200m左右，与上述丘陵的差异主要是岩性，基岩多为泰山群地层。侵蚀较弱，形成许多孤立或相连的缓丘。

（6）山前冲洪积台地。这一地貌单元已在山体外，但与山体相连，主要是山上的流水出山以后在山口的沉积物相接而成的缓平地貌。海拔高度在100m左右。台地微向南倾斜，坡度约为3°～5°，现主要土地利用方式为居民点、果园和农田等，泰城北部就坐落在这个台地上。

6. 地质景点 泰山不仅风景优美，历史古迹众多，地质景点也随处可见。现将比较有名的地质景点由山下向山上逐一介绍。

（1）蒿里山。又称号令山、英雄山。位于泰城南部，泰山火车站东南，海拔193m，为一石质山丘。蒿里山出露的岩石主要是古生界寒武系的石灰岩，其结晶基底为太古界泰山群地层。蒿里山岩性与泰山的变质岩决然不同，二者之间相隔着一条东西向大断层——泰前弧形大断裂。25亿年前泰山运动使得本区褶皱隆起上升成为山地，岩石遭受强烈变质形成以片麻岩为主的变质岩系。古生代时期这里地壳又不断下降，沉积了巨大厚度的以石灰岩为主的海相地层。其后经过多次反复升降，到中生代时地壳剧烈运动，形成了大致东西向泰山山前断裂。断裂以北泰山本部断盘上升，且该盘南部抬升量大，越向北抬升量越小，形成一个单斜构造，岩层倾向东北。断裂以南断块下降，就是蒿里山所在的部位，岩层也倾向东北。以后本区一直没有大的下沉，在外力作用下，泰山本部的沉积盖层逐渐被剥蚀掉，出露了变质岩系，断层以南的沉积岩则保留了下来。蒿里山寒武系石灰岩中富含生物化石，动物化石以三叶虫为主，三叶虫中的蒿里山虫就是此地首先发现并命名的，蜚声中外。

蒿里山是传说中的阴山，原建有阎罗殿等古建筑，现辟为公园和商贸区，古建筑已荡然无存。

（2）岱道庵断层崖。岱道庵村在泰城的东北方向的泰山山脚，该村北面有一石质陡崖，高约5m，就是岱道庵断层崖。这个断层崖是泰山山前大断裂的露头之一。断裂走向近东西向，断层面几乎直立。该断层崖出露部分由花岗片麻岩组成，崖前为第四系沉积物。崖上有断层角砾岩的一种——磨砾岩存在，角砾成分主要是二长花岗岩和片麻岩碎块。断层面上可见摩擦镜面、擦痕、阶步等断层产物，并有绿帘石等变质矿物生成。

由于泰安市相当一部分建筑修建在泰山山前,所以很难见到山前大断裂的露头。岱道庵断层崖的存在,为地质实习提供了一个十分珍贵的观察点。

(3) 黑龙潭瀑布。若沿西路登泰山,在长寿桥下可见一20多m高的瀑布沿峭壁直落而下,瀑布下跌水冲出一个口小肚大的深穴,这就是黑龙潭(图2-5-1)。黑龙潭的形成与流水流经河床的岩性和构造密切相关。瀑布水流下的岩石是二长花岗岩,造岩矿物主要是浅色矿物——钾长石、斜长石和石英,黑云母等暗色矿物含量很少,因而抗风化能力较强。瀑布壶穴所在的岩石为黑云角闪斜长片麻岩,暗色矿物如黑云母和角闪石含量较高,又具粗粒晶质结构,易风化。经风化和流水长期冲刷,下方的片麻岩逐渐被侵蚀掉,瀑布落差越来越大。再加上新构造运动节奏性抬升,形成"飞流直下三千尺"的地貌景观。

图2-5-1 泰山黑龙潭瀑布

二长花岗岩的南边缘,即瀑布开始下落的部位,有一白色条带沿峭壁边沿展布,群众把它叫做阴阳界,意思是越过此线便入阴间,警告游人不要冒险。阴阳界实际上是一条浅色岩脉,是酸性岩浆后期贯入二长花岗岩的节理和裂隙冷凝而成,主要矿物为石英和长石。抗风化能力极强,流水冲刷得十分光滑,再有青苔等生于其上,踩上去就很可能滑落崖下。

(4) 万笏朝天——岩石的垂直节理。泰山变质岩在形成过程中,受到过强大的挤压力。在压应力的作用下,岩石产生节理。位于经石峪北的盘道边的岩块,就是剪节理切割而成。该处岩石为角闪斜长片麻岩,受15°、60°、315°三组垂直节理的切割,将岩石切割成横断面为多边形的岩块。再经外力作用风化后,形成了直立地表的板柱状岩石。由于这些林立的岩块颇似古人上朝面君时手中所持的笏板,因而被形象地称作万笏朝天。中天门以北的"快活三里"处有一景点名为斩云剑,是一个板状石块,其形成原因与万笏朝天基本相同。

(5) 醉心石——桶状构造。登泰山刚过红门,便可以看到盘山路西侧有若干大小不等的圆桶状黑灰色岩体出露地表，并有古人石刻题曰"醉心石"。该岩石岩性为辉绿玢岩，是一条基性岩脉。这条岩脉沿 NW350°方向呈浅成侵入于泰山群变质岩系之中，岩脉长 5 000 m 以上，南起泰山红门南，北至泰山北坡仍有出露。脉宽 20～60m 不等，倾向南西，倾角 80°左右。岩脉出露地表后经风化作用形成汽油桶状匍匐地面（图 2-5-2），横断面 0.5～4m 不等。奇特的是岩石的节理不是直线，而是呈围绕岩心的同心圆分布，形成环层。风化后也是沿桶状节理层层剥落。这种节理一般被认为是岩浆向上运移过程中岩浆结晶分异并冷凝而成的。

（6）中天门。中天门海拔 847m，是登泰山路线的中点，由天外村登山的西路和由岱宗坊登山的东路在此会合。乘汽车上山也止于此，再向上便没有盘山公路了。

图 2-5-2　泰山红门岩脉桶状构造

中天门出露的岩石是黑云母石英闪长岩，中一粗粒结构，块状构造，主要矿物成分有斜长石、石英、黑云母，次要矿物是微斜长石和角闪石。岩石经同位素年龄测定约为 25 亿年，是泰山比较古老的岩体之一。在中天门石坊东侧，可以看到大量闪长岩的球状风化体，大小不一，直径从几厘米到几米不等。风化过程中形成同心圆状风化节理，外层岩石围绕球核层层剥落。

中天门一带地势南陡北缓，向下（南）看是陡峭的台阶，向北则先下再经过一段平路再向上攀升。在登山途中很难碰到如此平坦的路面可以稍作放松，因而这里叫做快活三里。这种地势与地质构造密切相关：中天门前有一断层发育，走向北东东，与山前大断裂大致平行，倾向南东。该断层是一个正断层，下盘中天门相对上升，南面上盘相对下降。所以中天门前陡后缓，而且后面地势还略有降低。

(7) 拱北石。拱北石位于泰山极顶东方的日观峰，是一块 10m 长的向北方伸出的板状岩石。在泰山的宣传画上经常可以看到人们坐在拱北石上向东眺望日出的照片，所以它也是泰山的标志之一。该石的岩性为斑状二长花岗岩，岩石比较致密坚硬。它的原始产状应为直立的，由于花岗岩的立方体节理的分割，将岩石切割成板状。水平节理和风化作用又使得它歪倒下来，被原来在地面的岩石支撑，从而以与地面约 30°的夹角指向北方的上空，被称为拱北石。由于岩体上水平节理及沿此节理贯入的岩脉的存在，岩石有可能断开，所以现在在拱北石周围已围上栏杆，禁止游人攀登。

(8) 石河。在泰山极顶向山后鸟瞰，可以看到山顶的峡谷中有大量大小不一的石块，沿山谷顺势而下，颇似奔泻的流水，这种地貌现象称为石河。多数人认为这是一种重力地貌现象。泰山极顶的岩石以片麻岩和混合花岗岩为主，花岗岩经常发育有二组垂直节理和水平节理，本区的片麻岩的节理和片理也充分发育，且与本区构造线大体一致，主要有北西、北东和东西三个方向。因此岩石很容易遭受风化破裂。泰山山顶年平均气温只有 5.3℃，较山下低 7.5℃，低于 −10℃ 的温度就有 45.9 天。泰山山顶年平均降雨量 1 106.9mm，远大于山下的 706.6mm。山顶的主导风向为西南风和偏东北风，年平均风速 6.8m/s（山下 2.5m/s），年大风日数 144.1 天。在这种气候条件下，使得山顶岩石很容易风化，且以物理风化为主。风化破裂的岩块在重力作用下，不断地坠入沟谷中，沿山谷排列，形成石块大小混杂、棱角明显的重力堆积地貌。也有学者认为这是第四纪冰川遗留下来的冰川地貌，见仁见智，留给大家讨论。

(9) 新构造运动的形迹。新构造运动不但深刻地影响着泰山地貌的形成，而且造就了许多奇特的微地貌景观，成为泰山独特的风景线。

①三级夷平面：泰山在新构造运动的影响下，至今仍然以大约每年 0.5mm 的速度上升。新构造运动的震荡性和节奏性，使得泰山的抬升表现出阶段性——形成了多级夷平面。第三级夷平面是最早的夷平面，它是由岱顶向北缓慢倾斜并降低的一个侵蚀面，这个侵蚀面称为鲁中期夷平面，相当于北台期，大约形成在早第三纪。山南面的中天门一带平缓的岭脊也属于这一级夷平面。第二级夷平面分布于扇子崖至中天门之间的平缓山脊上，海拔高度 600~800m。它是鲁中期夷平面形成后因泰山地区地壳相对稳定，长期侵蚀夷平，到上新世泰山又遭快速掀斜抬升而残留下来的准平原面，相当于唐山期。第一级夷平面分布在山前坡麓地带，如红门、虎山等景点。它也是上一级夷平面形成后地表再经稳定侵蚀形成准平原再经抬升而成，抬升发生在早更新世，叫做临城期。这种多级夷平面和阶地的组合称为多层地形。

②三级阶地：泰山地区既然有多级夷平面的形成，多级阶地的出现也就不

奇怪了。在泰山周围的河流流经地区的河谷中，经常可以看到三级河成阶地的存在。如泰安至济南中途的青杨一带，有一条向北流的河流叫北沙河。一级阶地高出河床 6m，104 国道在其上通过；二级阶地高 20m，京沪铁路在其上通过；三级阶地高约 30m，多已遭侵蚀破坏，已看不出连续的外貌，成为若干高度大致相等的平顶残丘。这三级阶地在河流上、中、下游高度不同，阶地级数也不一定都是三级。就是阶地性质也不完全相同，有的在河流西岸是基座阶地，在东岸就是堆积阶地。

③三叠瀑布：除前面介绍过的黑龙潭瀑布外，沿山前河谷河水向山下奔泻途中，形成许多大大小小的瀑布，比较有名的还有云步桥瀑布等。这些瀑布的形成，除与岩性和地质构造有关外，也受新构造运动的影响。如黑龙潭瀑布上方还有两个跌水冲出的壶穴，和黑龙潭连起来可以看作是连续的三潭。斗母宫东侧深涧内，也有由三个跌水组成的三级小瀑布，每级落差约 3m，被誉为小三潭印月。其实这样的连续的跌水很多，黑龙潭以下也有若干壶穴发育。泰山地势比较陡峻，又处于构造上升阶段，山区河流以侵蚀作用为主。在内外力地质作用的控制下，再加上岩石抗侵蚀力、地形地貌等影响，差异侵蚀就使得河床成为阶梯状。假如新构造运动停止，河床在长期的均夷化过程中就会达到平衡剖面，发育成一条上陡下缓的圆滑曲线。

（10）张夏寒武纪标准地层。泰山本部岩层向北倾斜，由南向北地层变得越来越新，依次出露太古界、寒武系、奥陶系地层，济南的灰岩就以奥陶系为主。在泰山和济南之间，在地质学界有一个国内外知名的地点，就是长清张夏镇。张夏地处泰安济南间的交通要道，京沪铁路、京福高速公路、104 国道都由此经过，交通十分便利。这里寒武系地层构造简单、出露完全，十分有利于地质考察。它是我国地层和古生物研究历史最长、研究程度最高的地层剖面之一，在我国地质学史上占有重要地位。从 19 世纪开始就有外国学者来此考察研究，以后不断有国内外地质工作者来这里开展工作，至今经久不衰，每年也有许多高等院校学生到张夏实习。为了保护这一带的地质剖面，现在这里已被山东省人民政府开辟为地质公园，进行管理和保护。

张夏寒武系地层分为下、中、上三个统 7 个组。下统有馒头组和毛庄组，中统有徐庄组和张夏组，上统有崮山组、长山组和凤山组。下伏岩层为泰山群红色花岗岩，不整合接触。上面地层为奥陶系灰岩，整合接触。由下到上各组主要特点为：

馒头组：本组是一套浅海相的灰岩、硅质灰岩、泥质灰岩和紫色钙质页岩。最底部是 2m 的灰黄色泥质页岩，中下部灰岩较多，有一煌斑岩侵入体，中上部页岩增多，顶部为 13m 厚的鲜红色易碎页岩。有中华莱德利基虫、尹氏虫等三叶虫化石。

毛庄组：本组是一套浅海相的紫色、紫灰色砂质云母页岩，夹少量薄层灰岩和灰岩透镜体。石灰岩开始有鲕状结构，有的灰岩含白云石，中上部出现竹叶状灰岩夹层。生物群以褶颊虫科的三叶虫为主，还有软舌螺。

徐庄组：本组是一套浅海相的紫灰、黄绿色砂质云母页岩和交错层砂岩，夹有薄层灰岩或灰岩透镜体。一般本组中上部灰岩增多。

张夏组：本组由浅海相厚层鲕状灰岩、厚层至薄层灰岩组成，夹有一些黄绿色页岩和灰岩透镜体。其生物群以褶颊虫科的三叶虫最繁盛，耸棒头虫目的叉尾虫科和长眉虫科次之。

张夏一带还可以观察到河流阶地、次生黄土、地堑、断层、喀斯特等地质地貌现象。如做地质实测剖面等详细内容，大约在这个点上可以实习1周以上。

（二）山西五台山实习

1. 概述　　五台山位于山西省东北部忻州地区五台县东北隅，中心地区距太原市230km，距忻州市150km。忻州地区西隔黄河与陕西省相望，东以太行山与河北毗邻，北以内长城、恒山为界，南至晋中与太原接壤。

五台山是我国著名的四大佛教名山之一，属北岳恒山山脉，北望恒山，西望代县雁门关，地跨五台县、代县、繁峙县和河北省的阜平县，自东北至西南走向。五台山由五座山峰环抱而成，五峰耸峙，高出云表，顶无林木，平坦宽阔，如垒土之台，有东、西、南、北、中五个台顶，故名五台。其中北台峰顶海拔3058m，是华北地区最高峰。滹沱河从五台山北部发源，绕西南向东注入海河。五台山属于剥蚀断块中高山，相对高度1000m以上，发育多级夷平面。

2. 五台山地质地貌观察内容

（1）五台山夷平面观察。在准平原形成后，如果地壳剧烈上升，平原地形就会转变成高原，并进一步转变成山地。但在山顶部分仍残留着古准平原的面，而且各山顶的海拔高度基本一致，这种地形就叫做夷平面。夷平面广泛分布在分水岭地区，与阶地一样，也是新构造运动上升的标志。

五台山的五个台顶原为一夷平面，后因断裂不均匀抬升分开，现在各自高度相差甚多。

（2）五台山冰缘地貌的观察。冰川的边缘地区虽然没有冰川覆盖，但是气候寒冷，地表及地下存在有多年冻土，温度周期性地发生正负变化，冻土层中的地下冰和地下水不断发生相变和迁移，以至土层产生应力变形，甚至受到剧烈的破坏和扰动，这一复杂过程主要是由反复冻融交替所引起的，故称冻融作用。冻融作用塑造出各种类型的冻土地貌,所以冰缘地貌也称为冻土地貌。

石海集中分布在中台和北台,分布高度在2 700m以上。出现在平坦的台顶,由于冰劈作用岩石破裂。岩块上棱角明显,说明未经搬运,经证明,形成于三亿五千万年前。

石河分布高度1 800～2 100m或2 200m,南台可见,在原先的V形谷中,因水流作用分布位置较低。石环分布在比较平缓的缓坡上,大石块排成长圆形,中台到北台的路上多有分布。

(3) 五台山阶地。沿清水河分布的阶地呈长条状平台。

一级阶地高出河面7～8m,为堆积阶地,由沙砾组成。

二级阶地高出河面20m,显通寺位于其上,是堆积阶地,下为沙砾石,上为马兰黄土。

三级阶地高出河面30～40m,大部分是基座阶地,上层为砾石层,有些马兰黄土,下部为基岩,菩萨顶位于其上。

(4) 上垒洪积扇。由暂时性洪水在沟口堆积而成,当老洪积扇形成后,由于地壳抬升运动后形成的洪积扇叠加在前一洪积扇之上,部位较低于老洪积扇。五台山区可见到三个叠在一起的洪积扇。

(5) 冰川地貌。在东台可远望第四纪形成的冰川地貌——角峰。两个或两个以上的冰斗发育在一个山峰的周围,彼此经过强烈剥蚀,结果形成尖锐的山峰,具有金字塔形的外貌,称为角峰。如果相邻的两条冰流平行下注,共同剥蚀其间的山脊,并扩大冰川谷,使山脊愈来愈狭窄,山坡成为陡岩峭壁,山脊随之具刀刃状外貌,称为刃脊或鳍脊。

(6) 五台山群变质岩系的观察。五台山有三大类岩石,主要由非常古老的变质岩组成,整个五台山区出露的地层有上太古界五台群、下元古界滹沱群、上元古界震旦系(分布在五台山南坡,为未变质或轻度变质的沉积岩)。下部为碎屑建造——砾岩、砂岩、页岩。上部碳酸盐建造为白云岩、燧石白云岩,还有古生界寒武系、奥陶系、石炭系、二叠系地层以及新生界第四系地层。

阜平群:由黑云母花岗片麻岩夹角闪片麻岩。

①五台山周围:东到庄旺青羊口、神堂庙,北到鸿门崖,南到桥儿沟,为上太古界五台群庄旺组,以黑云角闪片麻岩、斜长角闪片麻岩、变粒岩、大理岩为主。东台顶为中生代燕山区早期花岗岩、花岗岩、二长花岗岩、黑云母花岗岩、白岗岩、花岗斑岩、石英斑岩。

②南台周围:东到金岗库、刘定寺,南到红石岭,西到木山岭、雕玉山。有零星分布下元古界滹沱群,以石英岩、千枚岩、大理岩夹变质砾岩。

③北台及周围地区:北到滹沱河沿岸的山地,南到中台、西台周围山地,

西到舖山铜谷,东到车厂周围,为上元古界五台群木格组,为混合岩化片麻岩、黑云变粒岩、角闪片岩互层、磁铁石英岩、千枚岩。

(三) 山西大同火山群观察

1. 概述 山西省雁北地区有较大面积的火山群,分布于大同、阳高、浑源、朔县、应县、山阴等县,面积约300km²。整个火山群的西部火山群位于大同县境内,故此简称大同火山群。大同火山群火山基底的地层中以马兰期黄土分布最广,几乎遍布本区各地。第四系三门组及太古界古老桑干片麻岩在地表几乎没有出露,仅出露于某些切割甚深的冲沟中。

大同火山群共由12个火山锥组成(图2-5-3),它们在地形上都清楚地表现为孤山。大同火山群所占的面积约为50km²。火山锥的规模都比较小,其中最大的直径也才有1 000m左右,高差为120m。

图2-5-3 大同火山远观

从地貌上清楚可见的火山有:黑山、狼窝山、金山、阎老山、小牛头山、双山、小山、老虎山、牌楼山、东坪山、磨儿山、昊天寺山等。另外还有大量的在地形上隐隐约约地表现为一些小丘、发育不好的火山。

2. 实习内容

(1) 黑山火山。黑山是大同火山群中规模最大的火山。位于火山区北缘。黑山上有个浅火山口,其缺口在西北方。火山口垣高低不一,相对高差5~25m。分成三个明显独立拉长的顶峰,其中以东峰为最高。东峰上耸立着一个大古老的烽火台,从很远的地方就可看到,由于火山口垣高低不一,自山顶观望火山口并不清楚,火山口覆盖着黄土和土壤,为荒废的耕地所占。

黑山的山坡,北坡比较平缓,多为黄土覆盖,东坡、南坡、西坡逐渐地过渡为周围平原地区,因此,山的边界及其直径相当难定,大约1.5km,接近于山脚准确的直径。山顶与山脚的相对高差为 125m。

（2）狼窝山火山。狼窝山是大同火山群中较大的火山之一，位于火山区的北部，在黑山和金山之间偏南。狼窝山的外形极为特殊，并因观测地点不同而形状各异。自西北望狼窝山是一个宽溺的截头圆锥状，带有清楚的在西北方破裂的火山口，自南方或东南方望，狼窝山呈不对称的梯形，其上边向东逐渐升高。狼窝山和附近的盘山与黑山的地形一样，都是不对称的，山坡比较峻陡。

狼窝山山根沿东西方向略微长一些，长轴约为 909m，山的相对高差约为 120m。东部最高的地方达 130m。火山口明显且巨大，直径约 500m，深约 30m，在东部深达 40~50m。火山口垣高低不一，东部最高，其次是北部，南部和西部略低些。火山口破裂于西北部，方位角 N325°W，其外形是向各方很快散开的锥。寄生火山底部直径约 30m，高 6~7m，由带微微崎岖不平表面的多孔橄榄玄武熔岩构成。

（3）金山火山。金山是大同火山群里规模较大的火山之一，位于火山区西北，从聚乐堡火车站南望，第一个小山即是金山。金山火山锥的外观形状随观察者位置不同而有显著变化，在平面图上金山呈马蹄形。向北开口。自北望金山，火山锥顶东高西低，山脚宽约 300m，相对高差约 30m（从北方目测）。

金山的火山口保存得相当完好。但是，像大同火山群所有的火山一样，火山口垣在北部有缺口，这便使火山锥在平面上呈马蹄形。在北部火山口垣破裂处开始有不深的侵蚀沟，这条沟然后向东转，并变为冲沟，向东南方向延伸，离狼窝山和牌楼山不远。金山南坡、东坡有羊尾沟，北坡杂草蔓生，无羊尾沟。

组成火山群的火山岩岩性属于基性岩浆喷发。观察肖家头圪塔东侧冲沟内三门组地层中所夹三层火山碎屑和金山西大冲内马兰黄土中夹有的火山熔岩，由此二剖面分析推测，火山喷发始于第四纪早更新世三门期之中，而终于晚更新世马兰期黄土沉积之时。

（四）吉林长春地区实习

1. **实习区概况** 长春地处吉林省中部，位于东部低山丘陵向西部台地平原的过渡地带。平原面积较大，台地略有起伏，地势平坦。海拔 180~240m，相对高差 10~50m。台地上覆盖 5~15m 的黄土状堆积物。宽阔的河漫滩和阶地，由近代的冲积、洪积物组成。长春地区除东部有小面积的低山丘陵外，绝大部分为台地，第二松花江、饮马河、伊通河纵贯其间，沿河两岸则为平坦的冲积平原。地势平坦。长春到四平深断裂是一条分割山地与平原的主要构造线，以东为隆起区，以西为沉降区，长春地区位于隆起区与沉降区之间。地质构造的过渡性决定了长春地貌类型的多样性，形成了东高西低的地貌特征。

长春地区地貌由山地、台地和平原组成,形成了"一山四岗五分川"的地貌格局。长春山地面积不大,约占长春地区土地总面积的9%。其中,低山占2.56%,丘陵占6.44%。主要有大黑山和吉林哈达岭。长春台地面积较大,约占土地总面积的41%。其中,平缓台地占35.23%,高台地占5.77%。主要有榆树台地、长春台地、双阳台地和优龙泉台地。长春平原面积最大,约占土地总面积的50%。其中,河谷平原占39.4%,低阶地占7.5%,湖积平原占3.1%。主要有双阳盆地、松花江河谷平原、拉林河河谷平原、饮马河河谷平原和农安湖积平原。

2. 野外实习路线 实习区位于长春市郊,西到大屯镇,南到新立城镇,东至双阳区的奢岭。交通便利,高速公路及一级公路横跨其中。实习区的位置是吉林省东部山地和西部平原过渡的地带,东部是丘陵低山,逐渐过渡到西部的平原区,而长春属于冲积、洪积台地平原区,东以大黑山为界,向西是一片波状起伏的山前冲积、洪积台地平原,海拔180~240m,相对高差10~50m。平原受伊通河、饮马河、东辽河及其支流的侵蚀切割,地面起伏较大,但河间地区则十分平坦。台地上覆盖5~15m厚的黄土状堆积物,宽阔的谷地及广阔的河漫滩和阶地,由近代的冲积物、洪积物组成。

本区地貌类型:有构造地貌、流水地貌和冰川地貌。第四纪地层发育较全。

本区位于东北山地和东北平原的交界处,为郯庐大断裂北缘部分,长春—四平断裂西侧。白垩纪、第三纪、第四纪的地层在该区均有出露。白垩纪和第三纪地层厚度较大,第四纪地层在本区是零星分布的。

本区可见到各种地形如坳谷、台地、冰谷、河漫滩、河谷、断块地形、地垒、地堑等和各种堆积物。如残坡积堆积物、冰水堆积物、冲积物等。

区内地貌单元可划分为四级:

Ⅰ级:东北平原和东部山地;

Ⅱ级:伊通—舒兰地堑和大黑山地垒;

Ⅲ级:大屯火山盾和伊通河河谷;

Ⅳ级:伊通河河谷中的阶地、河漫滩等。

区内的地貌类型主要有火山地貌、断块构造地貌、流水地貌和冰川地貌四大类型。

(1) 黑咀子—小南屯—新立城路线:

①实习主要内容:观察第四系地层,划分不同成因类型的堆积物。

②具体观察内容:残积黄土状土,残坡积黄土状土,冲积物,冰水堆

积物。

残积黄土状土：分布在本区的小南沟、黑咀子附近，该黄土呈黄褐、棕黄色，粉砂级，垂直节理发育，并含铁锰质结核，具有黄土特点，分布在二级阶地面上，没有构成特殊地形，成分上与下伏基岩——下白垩统泉头组砂岩的成分一致，因而又具有坡积物的特点，并在岩相上与下伏白垩纪砂岩成渐变过渡关系，界线不清。无分选，无磨圆，碎屑物颗粒由上至下由细变粗，且黄土状土中含有基岩碎块，基岩裂隙中有黄土化作用，基岩中可见粗砂岩原岩的斜层理。黄土化作用不明显的地方保留原岩的残余构造。

黄土状土是由砂岩的黄化作用而导致的，黄土状土中保留了下部基岩的碎块和 Fe、Mn 质结核及稳定矿物石英。

残坡积黄土状土：分布于大屯采石场以东，富峰山脚下，颜色黄—浅黄色，无层理，有分选，有垂直解理，具湿陷性。就人工剖面可分三层：a. 土壤层：颜色较黑，厚度约 0.5m；b. 淋滤层：黄褐色，厚约 1.0m；c. 淀积层：黄色—浅黄色，厚度大于 2m；未见底。

物质成分主要为石英，含量大于 50%，粒度为粉砂级；其次为黏土矿物，有蒙脱石、伊利石和高岭石，另外还有少量橄榄石和角闪石，还含有钙质菌丝体——潮湿气候区淋滤沉积而成，还含有一些玄武岩的碎块，但面目全非。

此黄土状土的成因问题意见尚未统一，认为残坡积的占多数。其证据为：a. 分布于富峰山坡脚处，呈坡积裙地形；b. 黄土中的玄武岩碎块是下部基岩风化残留体，基岩与黄土状土呈渐变过渡；c. 黄土中的石英含量高，并具有一定的分选现象，说明残积物经过短距离的搬运形成残坡积而使大量的石英富集。但石英不可能是玄武岩风化的产物，故该黄土状土中有风成的黄土成分。

冲积物：冲积物是河流沉积的物质，伊通河河谷两侧由冲积物构成了一级阶地，称之为一级冲积阶地，其下部为河漫滩沉积物，中间夹有牛轭湖沉积的透镜体。这些冲积物的特点为：

a. 一级冲积阶地：分选、磨圆较好，有层理，颗粒较均匀，透水性较好，由土黄色粉砂质泥土组成。

b. 河漫滩：具有二元结构，其下部为河床相或滨河床浅滩相沉积，沉积物相对比较细，为细砂、粉砂，显示水平层理和微弱的波状层理，是由黄黑色的粗粉砂组成，上部由较细的物质组成。

c. 牛轭湖：在一级冲积阶地和河漫滩之间夹有透镜状冲积物，就是牛轭湖相沉积，是一种在静水、滞水条件下沉积的一种暗色粉砂、泥质、腐殖质和生物残体。

d. 冰水堆积物：分布于二级台地上，岩矿成分有大砾石、砾石、砂、黏土，砾石成分复杂，包括花岗岩、玄武岩、板岩、片麻岩等。岩相特点：砾石磨圆度好，无分选，层理不清，有的地方有不明显的层理，砾石表面有磨光，具压坑，有的砾石具压弯现象，砾石裂而不碎（由冰冻裂纹形成的），砾石表面干净，固结好。

从观测点向西可见到泥包砾，由此可见，该区早期由于冰渍作用形成了大量的冰碛物，这些冰碛物无磨圆，具有磨光面，具凹坑砾石表面有干净的冰水堆积物。据考证，此冰水堆积物形成的时代为 Q_2。

(2) 大屯实习：

①主要实习内容：观察火山地貌和断块地貌，描述喷出岩的特征。

②具体观察内容：火山地貌，断块地貌。

火山地貌：大屯的富峰山由第四纪的火山地貌——火山盾组成。同位素测定结果显示，大屯火山形成7 000万年左右，是老第三纪构造运动的产物。

从富峰山顶向四周，地势降低，坡角为6°~8°，从而形成盾状地形。该火山盾是基性岩浆（玄武岩浆）中心喷发，玄武岩浆由火山口向四周溢流而成。

因开采石料的原因，火山口已不清楚，但根据中心式喷发的特点，火山口玄武岩最厚，原始倾斜方向，气孔排列方向仍可判断火山口原形。火山口为圆形，直径1m左右，中心式喷发，开始以爆发为主，近火山口颗粒较粗——近火山口相，然后向外溢出形成玄武岩相。

火山的组成物质主要为橄榄玄武岩、气孔玄武岩、杏仁橄榄玄武岩。岩石呈青灰色、灰色，主要由橄榄石、辉石、斜长石组成。橄榄石已伊丁石化，致密块状，气孔状、杏仁状构造，杏仁中充填有方解石、蛋白石和沸石。

根据古风化壳特点，可以推断该火山喷发至少有五次。从剖面中看出，有五层碎屑岩和五层熔岩互层，代表该火山的间断性喷发及其次数。五个旋迴从下往上越来越薄，反映了同源岩浆活动能力由强到弱最后停止的过程。

断块地貌：地垒和地堑由一系列走向北北东的正断层（伊舒断裂带）滑动形成，地垒构成大黑山，地堑构成伊通—舒兰盆地。

(3) 伊通河实习：

①主要实习内容：河谷平原的特点，河谷内的沉积地形的组成物质。

②具体观察内容：长春附近的伊通河地貌类型有一级阶地，二级台地，河漫滩，牛轭湖，河床和心滩。

一级阶地：平坦广阔，分布在二级台地之下，伊通河河床两侧，由冲积物、砂和泥土组成，属冲积阶地，它是地表流水和地壳运动联合作用的产物，形成时间为第四纪全新世，海拔高度为 190～200m。

二级台地：成广泛平坦的地形，分布于一级阶地上，台地是由多种地质作用联合塑造而成的。其上分布有冰碛物、残积物等。其形成时间大约是第四纪晚更新世。台地海拔高度 210～220m。

河漫滩：分布于伊通河床两侧，一级阶地以下，在枯水期出露，洪水期被淹没。

牛轭湖：发育于河漫滩之上，呈月牙形，由河流侧蚀，裁弯取直，留下的被遗弃的河床组成，牛轭湖具有湖泊的一般特点，接逐级湖相沉积。

河床：长年被河水淹没的河谷中最低的地形，成蛇曲状，但总的来看近 SN 向。

心滩：分布于河谷中的岛状浅滩，其主要成因是河水向心环流造成的。心滩的尖指向下游。

夷平面：夷平面主要是由外力作用削高填低形成的。分布于伊通河谷的东部，发育有两级；一级夷平面海拔约 380m，形成于老第三纪；二级夷平面海拔约 320m，形成于新第三纪，保存较好。

区内新构造运动的讨论：

新构造运动是指发生在新第三纪到现在的构造运动。实习区内新构造运动较频繁，从地貌类型可以发现，地壳经历了几次强烈的构造运动，形成了现今的构造地形。

在老第三纪，本区地壳相对稳定，外动力地质作用盛行，形成了准平原化。

新第三纪末，本区地壳上升，上升的准平原遭受强烈的风化，形成了孤立的低丘陵，构成二级夷平面，据其到二级台地的高差判断，上升幅度大约 120m。

新第三纪时地壳进一步上升，破坏了二级夷平面，形成了一级夷平面，在准平原上升的同时，先形成的河谷由于强烈下蚀作用，使河谷下降。

第四纪 Q_1，该区的地壳活动进一步增强，许多断裂发生了，伴随断裂活动，火山活动开始，喷发形成了大屯火山，从大屯火山的构造旋迴来看，火山喷发活动有减弱的趋势。

中更新世 Q_2，地壳上升，河谷继续下降，因构造运动在河谷两侧产生了断裂，构成了二级台地。据其到一级阶地的高差，推断上升幅度大约 10m。

晚更新世 Q_3，地壳相对稳定，形成一些冲积物。

全新世 Q_4，地壳继续上升，河谷下蚀形成了一级阶地，阶地陡坎高差为 2～3m，说明上升幅度不大。

(五) 四川雅安地区实习

1. 实习地区地质概况 雅安市位于川西地槽区和川东地台区之间，地壳运动剧烈。从震旦纪以来，历次构造运动为雅安地区遗留下北东向、北西向、南北向等多种走向的褶曲和断裂。在水平运动和垂直运动的作用下，产生拉伸、压缩、剪切、弯曲、扭转等种类俱全的岩石变形，构成歹字形、人字形、山字形等类型多样的构造体系。

除石棉县、宝兴县西北部一小块属于川西地槽区外，其余均属川东地台区。由于成陆时间早、年代久，因而地层发育比较齐全，从前震旦系至第四系均有代表。但由于位于地台与地槽之间，地壳运动频繁，因而厚度变化极大，分布极不均衡。由于该区域绝大部分属于地台区，地层发育齐全，因而建造系列显示为两层式结构。下层为基底，包含结晶基底、褶皱基底与岩浆基底，厚度约为30km；上层为盖层，主要为沉积岩夹少量喷出岩，厚度各地不一，一般为4~10km。在地质史上，除芦山褶断束外，自古生代开始，雅安地区多处于相对稳定或上升的过程中。因此，基底岩系大面积裸露，而盖层岩系多高悬于山坡、山顶或堆积于盆地之中。

新构造运动虽承袭老构造的格局，但在名山、雅安、荥经三地仍有局部隆起和断裂，造成青衣江水系出现河流袭夺现象。不仅改变了原来水系的格局，也使雅安地区增加了新的河谷地貌和横谷地貌。

第四纪冰期，青衣江和大渡河干流支流曾被中更新世两次冰川覆盖，因而为雅安地区带来冰川地貌。青衣江和大渡河谷地两侧的阶地，大部分是受冰川的影响而形成的。随着第四纪新构造运动的抬升和冰川刨蚀下切而成的U形谷，因冰川萎缩下切加深而形成的多级阶地，都留下了冰川沉积物。

雅安市就地貌看，介于青藏高原与四川盆地之间。就地质构造单元看，位于四川东部地台区和西部地槽区之间。就地槽区与地台区下分的构造单元看，雅安地区占有川东地台区的龙门山褶断带南段、康滇地轴北段、峨眉断块西部以及四川中台拗次级构造单元芦山褶断束大部。宝兴县西部及天全县西北角属于西部地槽区的平武金汤复背斜构造单元；石棉县西部属于地槽区丹巴复背斜和三垭复背斜构造单元。两大构造区的地缝合线——龙门站、鲜水河、安宁河三大断裂带正穿过芦山、宝兴、天全、石棉四县境内。就构造体系看，川滇南北构造带、北东走向的龙门山褶断带、金汤弧形构造带、走向互异的峨眉断块，均在雅安地区交汇。因此，地壳运动的活动性和不均一性表现非常突出，地貌显得特别复杂。

2. 主要实习内容

（1）观察不同区域的地层岩性状况，了解其环境。

(2) 练习地质罗盘仪的使用，测量岩层产状。

(3) 了解不同区域的构造特征（单面山、向斜、背斜等）。

(4) 观察双石等地断层及断层角砾岩。

(5) 观察龙门的漏斗状地貌，分析其成因。

(6) 沿途观察青衣江不同河段的地质作用，并分析不同阶地的成因。

(7) 了解和观察不同区域的地质灾害及其严重后果。

(8) 采集不同区域岩石，进行室内鉴定。

3. 野外实习路线（雅安—飞仙关—芦山沿线）

(1) 雅安市西门大桥：

①雅安向斜：雅安向斜：轴线北起北郊乡，隔大石板冲断层与中里向斜相接，向南西经雅安西城区后沿濆江河谷直达麂子岗，走向北东20°～25°。两翼基本对称，地层倾角30°～50°，形态为近于盆地的小向斜。核部为第三系地层，两翼为白垩系，核部表层有第四系物质的沉积。

②蒙山背斜：蒙山背斜又名莲花山背斜，位于雅安市北部与名山县西部交界处。由雅安市北郊乡往北，经蒙山再沿莲花山延入邛崃市境称三和场背斜。轴线走向为北北东15°～20°，西南端偏转成南50°。被峡口张扭性断裂破坏，南东翼被蒙泉院断层破坏，又与新开店冲断层呈50°反接，与罗纯岗背斜相横跨。背斜核部为侏罗系蓬莱组，两翼为白垩系天马山组及夹关组。轴面倾北西，倾角70°左右，北西翼倾角8°～15°，南东翼倾角50°～70°，两翼不对称。

由白垩系地层构成，主要分布棕红色泥灰岩与杂色页岩。两翼伴有走向断层，南东翼蒙泉院—大石板冲断层与北西翼吴家山—庙子岗断层组合成地垒，蒙山背斜实为地垒式背斜。位于名山县城西部的蒙顶山，属蒙山背斜北段，两翼走向断层发育，成为地垒式背斜山，顶部裂隙经剥蚀，残留五个小山峰，主峰上清峰海拔1 440m。南东翼断层崖上建有石级古道——天梯，是自然神工与人文建筑相结合的产物。后山厚层紫色砂岩因剥蚀崩陷而成石墙、石柱等崖壁地貌。

③周公山背斜：又称彭家上背斜。北段即周公山，轴线走向北北东20°，核部出露侏罗系蓬莱组地层，两翼为白垩系夹关组或灌口组；南段为南北走向，经沙坪镇东侧南延入周河乡境内，核部出露白垩系中统或下统地层，东翼被大砍头冲断层破坏，出现金船山、黄村岩等海拔1 700m以上的断块山。

(2) 多营镇：

①构造地貌：

a. 单斜地貌：

倾斜岩层：形成一个典型的单斜构造。

b. 断层崖：此处为新开店冲断层，因经过雅安市多营镇新开店而命名。北段经圆光山、九岭岩，直达上里镇箭杆林，横切罗纯山背斜东翼，延伸至邛崃市境内称盐井溪冲断层。南段穿青衣江经对岩镇殷家村南下，经八步乡白云村拐向南西直达荥经县石龙乡，横切天凤背斜东翼。为压扭性断层，呈舒缓波状S形弯曲。断层线走向0°～北东45°，长约31km，是雅安市境内最长的断层。断层面向北西倾斜，倾角70°～75°。北西盘向东仰冲，东南盘遭受强烈挤压，使背斜南段形成百米以上的挤压破碎带，并使东翼灌口组地层直立倒转，次级褶皱发育，显示为反时针扭动。北段下盘出现峡口断层、大石断层和蒙泉院断层均为新开店冲断层的派生断层。观音岩：断层破碎带，岩石几乎直立，地处破碎带，地下水发育。

②泥石流沟：位于雅安市多营镇陆王村，作为四川省典型的泥石流沟，在此处观察地质灾害及周边的岩石分布及土地资源利用状况。发生在古泥石带来的洪积物堆积区——洪积扇。泥石流发生的条件：a. 三面环山的地形；b. 充足的降水；c. 充足的碎屑物质。

③河流阶地：雅安城区附近阶地第四系沉积物形成时代见表2-5-1。

表2-5-1　雅安城区附近阶地第四系沉积物形成时代表

阶地级数	代表阶地	阶地名称	成因	岩性及厚度	冰期	地质时代
河漫滩		河床	现代冲积层	现代砾石	冰后期	全新统
Ⅰ	城区沿江路	上坝姚桥	近代冲积层	黏土、泥炭、沙砾层		
Ⅱ	陆家坝	苍坪山麓滇江两岸	上部流水沉积，下部冰水沉积	黏土透镜体、砂层、砂卵石层。雅安城区西冰水沉积，滇江北	杂谷脑冰期	上更新统
Ⅲ	飞机坝	苍坪山顶	流水沉积、冰水沉积及冰川泥砾	黏土厚（1～1.5m）砾石层（10～14m）泥砾层	二道坪冰期	中更新统晚期
Ⅳ	甘家漕（青江村）	龙岗山半坡	上部冰水沉积，下部冰川泥砾	黄褐色泥砾，黏土夹擦痕漂砾（2～3m），下部红棕色黏土	瓦达山冰期	中更新统早期
Ⅴ	龙岗山顶	青元村	冰川泥砾	黄色泥砾黏土夹擦痕漂砾（2～8m）	山王庙冰期	下更新统

河边是轻壤，油沙田又称蒙金型，上部透水透肥，通气性好；下部保水、保肥，是种植作物的黄金土壤。同时，可观察河流沉积物的沉积分异规律及其

受堆积物的影响。

（3）飞仙关。位于多功峡，处在雅安、天全、芦山交接处，为青衣江下切罗纯山南端而成的箱状峡谷。长约 8km，最险处岩如刀削，壁立千仞，中通一线。处于断层处，因河流横穿背斜或向斜翼部，受岩性差异和新构造运动抬升，河流下切而形成两壁陡峭的景观。

①断层处：灌口组岩石。注意观察紫色钙质泥岩或粉砂岩。有紫色钙质泥岩或粉砂岩说明地壳不稳定，有升降振荡运动（影响地下水位的深浅）。

②沿途可观察蒙山背斜的核部和两翼。

③芦山河与天全河合并，形成青衣江的源头，可以观察到河流上游的地质现象；同时可观察河曲现象及河流两侧的农田与居民点的布设状况。

（4）芦山向斜。位于宝兴背斜和蒙山背斜之间，在芦山县境内。是一长条形向斜，两翼岩层较陡，北端昂扬端在隆兴龙门乡一带。芦山向斜：为芦山褶断束地质构造单元的最北部分，也是四川盆地最西缘的向斜。在雅安地区境内是最大的向斜构造。轴部东北起玉溪河谷地，与邛崃市南宝向斜相接；向西南经龙门河谷、芦山河谷入天全县境，经始阳镇再沿荥经河谷直达兴业乡。全长约 60km。轴线北东 35°左右。发育于中生代地层中，为一平缓开阔两翼大体对称的向斜，在芦山县城附近宽约 10km。核部为下第三系，翼部为中生界，主要是白垩系地层。

①单面山排列：沿倾向成层分布，沿走向线状分布。

②横谷：沿着岩石倾向发育的谷。

③纵谷：沿着岩石走向发育的谷。

（5）宝兴背斜。为龙门山西端的主体构造，走向北东 45°，轴部在宝兴县城一带，往东北延伸，经芦山白铜尖子、上中嘴，经大邑县、崇州市而达灌县北部；往南西延至天全县两河口及荥经县三合乡一带。具体位于芦山向斜西部，龙门山褶断带南端；核部出露宝兴杂岩、黄水河群及紫石关杂岩等，背斜开阔舒展，南北两边均有断裂，断层发育，造成岩石不连续，平行于走向形成多条断层和飞来峰。

（6）双石。从宝兴背斜东翼至接近核部，中间产生了一小褶曲。此处形成双石冲断层，因经过芦山县双石镇而得名。位于宝兴背斜与芦山向斜之间，是龙门山褶断带与川中台拗两地质构造单元的分界线。断层两侧都是燕山运动以来沉积的白垩系、侏罗系、晚第三系陆相盖层岩系。断层线北段走向为北东 45°，在大川镇附近因受峨眉断块南北走向影响而成北东 20°，并在横山岗西与小关西断层交接；南段经宝兴县大溪乡入天全县境内，经老场乡大庙村，在白沙河附近合并小关冲断层后，转向北北东 10°，再经小河乡关家村、青石乡响水溪，穿天全河后在大河乡庙子岗与从荥经县北上的北西向青龙断层相交，构成四川盆地西角的顶端。双石冲断层是地壳运动活跃带，芦山县、天全县、邛崃市的地震多沿这条断层发生。因断层面倾向北西，倾角45°～65°，故震中多在断层线北西侧。

(7) 大岩峡。位于芦山县仁加、双石两乡交界的西川河上，由西川河下切灵鹫山东北端而成的箱状峡谷。长约5km，宽20～50m。峡谷东为黄茅坡，西为关防山，两山相对，形成"十里峡谷一线天"地形。山间岩石多为石灰石凝成的砾岩，山体岩溶地貌发育，多大型溶洞和岩溶洼地，悬泉瀑布，飞流其间，清澈甘甜的泉水从洞中涌出，汇入西川河。

①谷中谷：地壳间歇性抬升的结果，反映了新构造运动的剧烈程度与频次。

②紫色岩：砂岩和砾岩，属沉积岩的碎屑岩类，岩石由碎屑和胶结物组成，具有良好的透水性，垂直节理发育，厚层砂岩或砾岩，在新构造运动地壳相对抬升影响下，流水沿裂隙及垂直节理冲刷切割，常发育成"一线天"峡谷、石崖、石峰等丹霞景观。

③仁加坝：宝兴河出灵关峡口形成的洪积扇。沿向斜W翼走向，以砾岩为主，岩性抗蚀力强，因此下切成峡谷。

(8) 小关冲断层。因经过宝兴县中坝乡小关而得名。位于宝兴复背斜东南翼，走向与背斜轴部基本一致。北东延入芦山县境，经中林乡林盘村、大川镇杨开村，在横山岗西与双石冲断层交合；南西延入天全县境，在白沙河附近与双石冲断层交合。断层面倾角50°～75°。上盘是五龙推覆体覆盖形成的飞来峰带来的泥盆系、志留系地层和原有的三叠系构成不整合构造，下盘由许多小断层组成断层束，较长的一条是中坝断层。断层束造成岩层倒置，基底是宝兴杂岩大量裸露地带。

(9) 龙门洞。位于芦山青龙场，处于白垩系红色砾岩中，砾石以灰岩为主，由钙质、铁质胶结，在水的作用下形成岩溶式溶洞。砾岩岩溶常称假岩溶，它与纯石灰岩构成的岩溶溶洞有所不同，洞内不易见到较大的石钟乳。

(六) 北京西山上苇甸—灰峪村实习

1. 实习区概况 北京西山是北京西部山地的总称，属太行山余脉，由一系列北东走向大致平行排列的山脉组成。北京西山是我国地质工作开始最早的地方，素有中国地质工作"摇篮"之称。上苇甸—灰峪村实习路线是北京西山的一部分，实习区位于北京市西南部门头沟区境内。这里曾经构造运动非常活跃，因而保留了大量复杂的构造形迹，可见褶皱、断层和节理等。实习区内出露的地层也较多，由老至新有：清白口系（Qb）、寒武系（∈）、奥陶系

(O)、石炭系（C）、二叠系（P）、三叠系（T）、侏罗系（J）、第三系（R）、第四系（Q）。该实习区内分布的主要岩石类型有：花岗岩、花岗闪长岩、玄武岩、石灰岩、砾岩、砂岩、页岩等。实习区内还可观察到河流地貌、断层三角面山、洪积扇等地貌类型，以及岩浆岩侵入体、沉积岩层理、岩石风化、第四系沉积物、土壤发育情况。

2. 野外实习路线

（1）上苇甸—下苇甸—野溪路线：

①实习内容：

a. 认识相互穿插岩脉的相对新老关系。

b. 观察褶曲形态，认识断层。

c. 认识花岗闪长岩、碳质页岩、砂岩、白云岩、竹叶状灰岩、鲕状灰岩的岩性特征，以及岩石风化特点。

d. 认识沉积岩中的斜层理。

e. 认识三角面山、河流阶地、河漫滩等地貌。

f. 认识角度不整合地层接触关系。

②观察点：

a. 上苇甸村：观察花岗闪长岩的岩性特征、风化特点。可见残积物中有明显的砂粒存在，岩石具有明显的球状风化现象。在花岗闪长岩体内还见有互相穿插的小岩脉，根据其穿插关系可确定他们形成的先后顺序。

b. 上苇甸路上向东南行：可以观察到花岗闪长岩内岩墙被正断层错断的现象。断层面近于水平。

c. 上苇甸路上继续向东南：可见到青白口系下马岭组碳质页岩，并见到页岩受挤压形成的明显的褶曲，以及由于物理风化作用形成的许多小碎片。

d. 下苇甸村附近：见到长龙山组的砂岩，砂状结构，以石英为主，而且可以发现明显的斜层理。

e. 下苇甸村南口：在白云岩中，可见到一断层。白云岩隐晶质结构，主要矿物组成为白云石，含有少许方解石，具有层理构造。

f. 下苇甸村口东北方向公路上：可见到明显的青白口系白云岩与寒武系石灰岩之间的角度不整合接触。寒武系地层岩性为厚层鲕状灰岩、竹叶状灰岩。鲕状灰岩具有明显的鲕状结构，竹叶状灰岩具有明显砾屑（竹叶状）结构。

g. 下苇甸村口南永定河旁：永定河为海河流域的主要水系之一，是流经北京境内最长的河流。在这里可观察到由于构造抬升和流水切割形成的三角面山构造地貌，以及河流阶地、河漫滩等河流地貌。

冲积物是河流沉积的物质，这里所见的冲积物有一定的磨圆度；河谷两侧存在一级阶地和二级阶地，其下部为河漫滩。枯水期河漫滩露出水面，适宜种植农作物。

h. 野溪桥旁：可以见到存在于奥陶系石灰岩中形成的一个较大的箱形褶曲，表明该处曾经受到较大的挤压力作用。

(2) 军庄火车站—灰峪村路线：

①实习内容：

a. 认识沉积岩的层理构造，恢复地层层序，练习用罗盘测量岩层及断层产状。

b. 观察断层的标志，推测恢复褶曲形态。

c. 认识砾岩、砂岩、页岩、玄武岩。

d. 认识岩床与围岩的关系。

e. 远观本区主要地貌形态。

②观察点：

a. 军庄火车站南第一垭口以南：可见到下二叠统（P_1）地层，P_1由一套砂岩、页岩夹砾岩组成，这里见到砂岩和页岩。砂岩具有明显的砂状结构，主要矿物成分为石英，其成层性很明显，因而可以练习测定岩层产状。这里是灰峪背斜的南翼。在这里存在一小断层，在断裂面两侧的岩块发生了明显的错动，其产状与岩层产状不一致，可根据其上下盘的相对错动方向确定断层的性质。

b. 军庄火车站南第二垭口：这里可见到下侏罗统南大岭组（J_{1n}）的安山质玄武岩，其为隐晶质结构。在岩石中能见到较多节理，以及大量的方解石脉。

c. 灰峪村山上：这里的岩性为中奥陶统（O_2）的石灰岩，其为灰峪背斜的核部。石灰岩灰色，遇稀盐酸强烈起泡，具有非常明显的成层性。由于此处安全，是练习测岩层产状的理想位置。此外，在石灰岩中存在一岩床，其颜色比石灰岩的深，产状与石灰岩的完全一致，为正长岩类岩石，在其中还能见到黄铁矿等矿物。

d. 灰峪村内、第3点以北：为下二叠统（P_1）地层，这里见到的是P_1的砂岩、砾岩，其为灰峪向斜核部。在岩石上可见到明显的节理存在，并且有的节理把岩石切割得非常平整。

e. 从第4点沿NE方向上山，可见到上石炭统（C_3）地层，为碳质页岩及砂岩，而且在页岩中存有大量的植物化石。

根据以上几个点的观察，并结合该地区地质图，再推测想像，便可以恢复出这里褶皱的空间立体图形。

(3) 凤凰岭公园门前：

①实习内容：

a. 凤凰岭花岗岩的岩性特征、风化情况。

b. 花岗岩母岩上的土壤发育情况。

②观察内容：凤凰岭又称为京西小黄山，为一花岗岩侵入体经地壳抬升至地表而成。组成凤凰岭的岩石为花岗岩，主要矿物成分为石英、钾长石、酸性斜长石，具有明显的球状风化现象。由于花岗岩含有较多的石英，且石英抗风化能力比较强，故由该母岩风化发育成的土壤砂性很强，在土壤中可见到明显的沙粒。

(七) 北京周口店—十渡实习

1. 周口店地区地质概况　周口店实习区位于北京市西南的房山区境内。实习区的范围：北至迎风坡，南至孤山口，东至房山，西至十渡。

周口店地区大地构造处于华北板块中部，位于近东西向的燕山构造带与北东向的太行山构造带的结合部。区内地质研究程度较高，在1914年前就已经开始有初步研究；区内地层发育较全，并可与华北地台其他地区对比，区域上主要由房山侵入体及围绕其分布的多期多型式断层和褶皱组成（图2-5-4）。

(1) 地层及岩性。周口店地区地层属华北型，发育较全，区内从新生界到太古界的主要地层单位都有出露。

太古界地层零星分布于房山穹隆边缘部位，主要岩性为黑云母角闪斜长片麻岩、混合片麻岩等。

中、新元古界地层在周口店地区出露广泛，岩石普遍遭受轻度变质。其中长城系（Chc）的常州沟组（ChcC）主要为砂岩，串岭沟组（ChcCH）较少，主要为板岩和细砂岩，团山子组（ChcT）为白云岩夹板岩，大红峪组（ChcD）主要为砂岩；蓟县系（Jx）的雾迷山组（JxW）主要为白云质大理岩，洪水庄组（JxH）主要为含砂千枚岩，铁岭组（JxT）为白云质大理岩；青白口系（Qb）各组地层出露齐全，主要分布于房山岩体北、西和中南部，包括下马岭组（QbX）的片岩，长龙山组（QbC）的砂岩，景儿峪组（QbJ）普遍为大理岩。

区内下古生界地层包括寒武系及下奥陶统，分布较广，主要是各种灰岩。其中寒武系包括府君山组（$\epsilon_1 f$）、馒头组及毛庄组（$\epsilon_{1+2} m$）、徐庄组（$\epsilon_2 x$）、张夏组（$\epsilon_2 z$）、黄院组（$\epsilon_3 h$），下奥陶统包括冶里组（$O_1 y$）、亮甲山组（$O_1 l$）、马家沟组（$O_1 m$）。

上古生界缺失泥盆系和下石炭统，中上石炭统及二叠系主要分布在上寺

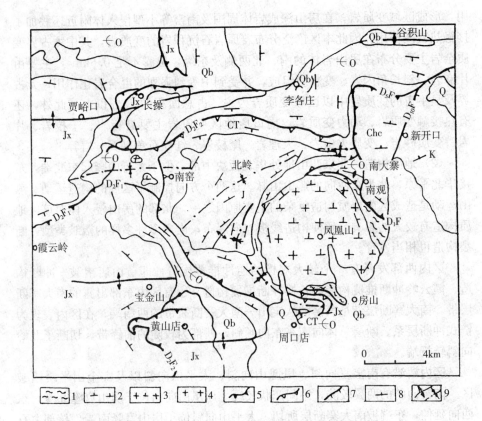

图 2-5-4 周口店地区区域地质略图
1. 太古界 2. 闪长岩 3. 花岗闪长岩 4. 花岗岩 5. 逆冲断层 6. 剥离断层 7. 高角度正断层 8. 面理产状 9. 背斜及向斜轴线 Q. 第四系 K. 白垩系 J. 侏罗系 CT. 三叠—石炭系 ∈O. 奥陶—寒武系 Qb. 青白口系 Jx. 蓟县系 Chc. 长城系
(据宋鸿林,1996)

岭—凤凰山和黄院、升平山、太平山一带。岩石类型复杂,岩层遭受轻度区域变质作用,局部受到岩浆侵入作用的影响。包括中石炭统本溪组（C_2b）、上石炭统太原组（C_3t）、下二叠统山西组（P_1s）、下二叠统杨家屯组（P_1y）、上二叠统红庙岭组（P_2h）。

中生界以碎屑岩为主,主要包括三叠系双泉组（Ts）、下侏罗统南大岭组（J_1n）和窑坡组（J_1y）、中侏罗统龙门组（J_2l）和九龙山组（J_2j）地层。

新生界地层大面积分布在本区东部及东南部山前平原地区。

周口店地区岩浆岩较发育,既有深成中酸性侵入岩,又有浅成酸性—中性岩脉,种类有闪长岩脉、花岗细晶岩脉、煌斑岩脉、霏细岩脉、伟晶岩脉等。侵入体和岩脉出露良好,其他岩石或多或少都遭受了不同程度的区域变质作用，形成区域变质岩，在房山深成岩体周围及南窑等小型侵入体附近还叠加了接触热变质作用。因此本区广泛分布着原岩石沉积岩的变质岩，其中太古界变质杂岩主要分布在房山岩体的南、北两侧及东缘，出露不足 0.5km²，主要由片麻岩、斜长角闪岩、变粒岩组成，并受到中等到强烈的混合岩化作用；元古界及显生宙的变质岩中以区域变质岩为主，占总面积的 75% 以上。此外，还有热接触变质岩、动力变质岩。周口店地区变质岩主要有板岩、千枚岩、片岩、变质砂岩、变质火山岩、大理岩、糜棱岩、红柱石角（页）岩等。

（2）地质构造。北京西山地处华北板块中部，位于太行山隆起东北端，东接华北平原，北为东西向的燕山山脉。这两个方向控制了区内的构造运动。燕山运动是造成区内地质构造复杂的主要原因之一，北部的房山侵入体对该区地质构造有较大的影响，致使构造线多方向展布，出现多种多样的褶皱类型，断裂构造也相当发育。

区内西部发育有 3 个较大规模的逆冲推覆构造，即黄山店褶皱—冲断构造、霞云岭冲断推覆构造和长操冲断推覆构造。还有区内东部出露的南大寨断层带，南大寨断层带是著名的八宝山—南大寨断裂带的西南端，在区内表现为铲式冲断层系。断层总体向南东东向倾斜，西部为较陡的前锋带，切断了北岭向斜转折端。

区内褶皱有南窑复向斜、凤凰山向斜、太平山向斜以及宝金山平缓褶皱区。南窑向斜的两翼较陡，中间产状较缓。凤凰山向斜位于房山穹隆北缘，东西向延伸，东端被南大寨断层所切。太平山向斜位于房山穹隆南缘，核部由石炭—二叠系地层组成，翼部为下古生界至元古界的地层；宝金山平缓褶皱区构造包括宝金山背斜、大草岭背斜、迎风峪向斜和黄院—164 背斜等。这些构造的总体轴向都为东西向，岩层产状平缓。黄院背斜向 NE70°方向倾伏，过周口河断层后，即为著名的 164 背斜。还有北岭上叠向斜，是由侏罗纪煤系构成的向斜构造，是京西几个含煤盆地之一。

2. 野外实习路线

（1）周口店—164 高地采石场路线：

①实习内容：

a. 认识沉积岩的层理、层面构造，练习用罗盘测量岩层产状。

b. 观察确定 164 背斜的形态特征。

c. 认识下奥陶统马家沟组灰岩的特征。

d. 观察古岩溶现象及洞穴堆积物。

②观察点：

a. 164 高地南采石场开阔地：远观背斜的横剖面形态；介绍下奥陶统、石炭系及二叠系地层的分布情况。

b. 第一采石场：认识马家沟组灰岩；区分层理、层面及节理；练习罗盘的使用方法，测量石灰岩层的产状；观察小逆断层。

c. 第二采石场西南，164高地南端旧采石场：观察节理的形态和性质；认识石灰岩上土壤层及古风化壳的特征。

d. 第一采石场的东端：观察古岩溶洞穴及钟乳石；认识褐红色沙砾黏土等洞穴堆积物。

(2) 煤炭沟—砾岩山—三不管沟路线：

①实习内容：

a. 了解太平山向斜概貌。

b. 认识砾岩、变质砂岩、板岩、千枚岩、片岩、大理岩等岩石。

c. 分辨 Q_2 与 Q_3 堆积物的特征。

d. 远观本区主要地貌形态。

e. 观察断层的标志。

②观察点：

a. 煤炭沟炸药库：认识石炭系灰黑色红柱石角岩和含植物化石碎片的黑色板岩；观察下奥陶统石灰岩风化壳的红色亚黏土。

b. 方头山北：认识二叠系的变质砂岩；观察角岩和板岩中的褐铁矿假晶；观察石英细脉沿裂隙或层理贯入。

c. 瞭望台西：观察千枚岩和角砾岩。

d. 参观小煤窑，认识太原组的无烟煤及次石墨化；观察直立岩层。

e. 大砾岩山：鉴定砾岩的结构和物质成分；观察红色亚黏土与黄土状物质不整合接触；观察中山、低山、丘陵及小型洪积扇地貌。

f. 一条龙山东端：认识青白口群的片岩、千枚岩、大理岩；观察花岗闪长岩与白云岩的侵入接触关系及接触变质作用形成的大理岩。

g. 三不管沟采石场：观察逆冲断层的特点和标志；认识寒武系的大理岩特征；认识霏细岩及其边缘的流动构造。

(3) 山顶庙—关坻—山口村路线：

①实习内容：

a. 观察太古界、上元古界及下古生界地层的岩性特征。

b. 观察岩脉的类型、穿插关系和先后顺序。

c. 分析断层的性质。

d. 了解周口河的一般情况。

②观察点：

a. 山顶庙南坡：认识上寒武统条带状石灰岩岩性；观察条带状石灰岩中复杂的小褶皱形态；观察牛口峪水库。

b. 山顶庙北山口：观察太古界与元古界地层的接触关系；认识片麻岩、混合岩等的特征。

c. 乱石坨：区分上寒武统与下奥陶统灰岩、岩溶的特点；观察上更新统与中更新统堆积物的不整合接触。

d. 关坨村：观察片麻岩风化物及其上的土壤特性。

e. 枪杆石：区分花岗闪长岩、花岗岩、石英闪长岩及细晶岩的岩性特征；观察岩脉的穿插关系，分清先后顺序；绘制岩脉穿插关系素描图。

f. 一条龙山西端：观察断层的标志和上、下盘岩性特征；测量产状，确定断层的性质。

g. 钻探所附近：观察周口河河谷地貌；分析周口河断层性质。

（4）良各庄—迎风坡—东山口路线：

①实习内容：

a. 了解房山花岗闪长岩接触带的特征。

b. 了解花岗闪长岩由似斑状—中粗粒—中粒结构的变化情况。

c. 认识花岗闪长岩中的捕虏体。

d. 观察花岗闪长岩风化壳层次及与土壤的关系。

e. 观察花岗闪长岩区地貌形态。

②观察点：

a. 良各庄火车站东山（迎风坡顶）：了解球状风化的形成；观察花岗闪长岩剥蚀丘陵地貌和石海地貌；认识蘑菇石、摇摆石的形态及分析其形成过程。

b. 迎风坡顶南部：观察似斑状花岗闪长岩及其中析离体的特点。

c. 建塑厂第三采坑：观察侵入接触关系；观察风化壳的层次及花岗闪长岩上的土壤特征。

d. 建塑厂第二采坑：鉴定中—中粗粒花岗闪长岩岩性；观察沿垂直节理贯入的岩脉形态和岩性。

e. 建塑厂第一采坑：鉴定中—中细粒花岗闪长岩岩性；分辨捕虏体与析离体；观察后期岩脉穿切花岗闪长岩；分析花岗闪长岩与石英闪长岩的接触关系。

f. 老牛沟口：观察三级阶地与二级阶地的地貌特征；区分第四纪沉积物的类型。

（5）龙骨山—水泥厂路线：

①实习内容：

a. 观察"上砾石层"及剥蚀、岩溶化丘陵。
　　b. 观察岩溶地貌及猿人洞洞穴堆积。
　　c. 参观北京猿人陈列馆。
　　d. 确定第四系地层层序。
　　②观察点：
　　a. 龙骨山：认识"上砾石层"岩性特征；远观太平山、云峰寺剥蚀丘陵地貌形态；观察残留的红色黏土古风化壳。
　　b. 猿人洞（第一地点）：了解猿人洞发掘历史；观察猿人洞的地貌及洞穴形态特征；认识猿人洞堆积物的特点。
　　c. 山顶洞：观察洞穴形态特征；认识洞穴堆积物的特点。
　　d. 北京猿人陈列馆：重点参观猿人洞和山顶洞中发掘出的实物标本及模型。
　　e. 鸡骨山油库沟口：观察三级阶地的地貌特征。
　　f. 水泥厂后山：确定褶皱各组成要素及褶皱类型。
　　（6）十渡一带实习。十渡位于房山区西南部拒马河畔，距北京市区100km，是华北地区唯一以岩溶峰林、峰丛和河谷地貌为特色的自然风景区。因历史上从张坊至十渡溯水而上，需十个渡口而得名，有"北方小桂林"之称。
　　①实习内容：
　　a. 认识十渡燧石条带白云岩的特征。
　　b. 拒马河河流地貌的认识。
　　c. 十渡一带岩溶地貌的认识。
　　②观察点：
　　a. 十渡"万景仙沟"门口附近：观察燧石条带白云岩的特征；认识水平构造特点；观察燧石条带白云岩的刀砍状构造、差异风化现象。
　　b. "万景仙沟"门口：观察沟谷与河流的关系；观察河流阶地的剖面特征；
　　c. 十渡"万景仙沟"门口北侧：拒马河河流地貌的认识。
　　观察拒马河河流凹、凸岸侵蚀、堆积情况；认识心滩、河漫滩；认识河流阶地的特点；观察冲积物特点：冲积物形状、大小、磨圆度等；
　　d. 七渡—十渡沿途：观察拒马河两岸峰林、峰丛岩溶地貌的形态特征。

（八）参观中国地质博物馆

　　中国地质博物馆位于北京市西四大街羊肉胡同内，是我国规模最大、成立最早的全国性地学博物馆，也是目前亚洲最大的综合性地学博物馆。馆内藏品丰富，品种齐全，共有中外各种类型地质标本十万余件，包括一些珍品：世界罕见的恐龙化石——巨型山东龙，北京周口店山顶洞人文化遗址的石器，我国最大的、有"辰砂王"之称的辰砂晶体。

该馆主要有岩石矿物厅、地球史厅、宝石厅、古生物厅和国土资源厅。要求仔细观察陈列的标本，尤其注意观察那些晶形完好、典型、特别的标本。通过观看，能对矿物的形态、物理性质、分类、三大岩类的特点、某些外力地质作用特点、国土资源及其他地学内容有更深的印象，有助于对某些理论知识的理解和认识。

附录一 常见岩石花纹图例

沙砾石	豹皮状灰岩	硬绿云母片岩
粘土	砂质泥灰岩	片麻岩
人工堆积	白云岩	角闪斜长片麻岩
砾岩	硅质岩	浅粒岩
沙砾岩	辉绿岩	变粒岩
石英砾岩	闪长岩	变质砂岩
砂岩	石英闪长岩	石英岩
长石质砂岩	花岗闪长岩	斜长角闪变粒岩
长石石英砂岩	花岗岩	角岩
碎屑砂岩	煌斑岩	硬绿石角岩
复成分砂岩	板岩	红柱石角岩
泥质砂岩	砂质板岩	硅灰石大理岩
页岩	炭质板岩	大理岩
灰岩	红柱石板岩	透闪石大理岩
泥质灰岩	千枚岩	阳起石大理岩
硅质灰岩	片岩	透灰石大理岩
白云质灰岩	二云片岩	透灰石硅灰石大理岩
生物碎屑灰岩	绿泥片岩	构造角砾岩
条带状灰岩	红柱片岩	糜棱岩
竹叶状灰岩	榴云片岩	混合岩

附录二 各种常用构造符号

不整合界线

实测地质界线

推测地质界线

侵入岩接触面产状

岩相分界线

实测断层线

推测断层线

正断层

逆断层

平移断层

背斜轴线（轴迹）

向斜轴线（轴迹）

倒转背斜轴线（轴迹）

倒转向斜轴线（轴迹）

隐伏背斜轴线（轴迹）

隐伏向斜轴线（轴迹）

背斜枢纽的起伏及倾伏

向斜枢纽的起伏及倾伏

剖面线

片理或片麻理倾向及倾角

穹隆构造

构造盆地

飞来峰

构造窗

附录三 地质代号及色谱

宙	界	系			统	代号	色谱	绝对年龄(Ma)
显生宙	新生界(Kz)	第四系	Q		全新统	Q_p	淡黄色	
					更新统	Q_h		2
		第三系 R	上第三系	N	上新统	N_1	鲜黄色	
					中新统	N_2		23
			下系三系	E	渐新统	E_3	土黄色	
					始新统	E_2		
					古新统	E_1		65
	中生界(Mz)	白垩系	K		上统	K_2	鲜绿色	
					下统	K_1		135
		侏罗系	J		上统	J_3	天蓝色	
					中统	J_2		
					下统	J_1		203
		三叠系	T		上统	T_3	绛紫色	
					中统	T_2		
					下统	T_1		251
	古生界(Pz)	二叠系	P		上统	P_2	淡棕色	
					下统	P_1		295
		石炭系	C		上统	C_3	灰色	
					中统	C_2		
					下统	C_1		355
		泥盆系	D		上统	D_3	咖啡色	
					中统	D_2		
					下统	D_1		408
		志留系	S		上统	S_3	果绿色	
					中统	S_2		
					下统	S_1		435
		奥陶系	O		上统	O_3	蓝绿色	
					中统	O_2		
					下统	O_1		540
		寒武系	$\in$		上统	$\in_3$	暗绿色	
					中统	$\in_2$		
					下统	$\in_1$		540
元古宙(Pt)		震旦系	Z			Pt_3	绛棕色	800 / 1 000
						Pt_2	棕红色	1 800
						Pt_1		2 500
太古宙(Ar)							玫瑰红色	

主要参考文献

[1] 华南农业大学．地质学基础．第二版．北京：中国农业出版社，1999
[2] 曾广策．简明光性矿物学．武汉：中国地质大学出版社，1989
[3] 李得惠．晶体光学．北京：地质出版社，1993
[4] 潘兆橹．结晶学及矿物学．北京：地质出版社，2001
[5] 汪相．晶体光学．南京：南京大学出版社，2003
[6] 赵珊茸．结晶学及矿物学．北京：高等教育出版社，2004
[7] 朱可贵．土壤调查与制图．北京：中国农业出版社，2000
[8] 王数，东野光亮．地质学与地貌学．北京：中国农业大学出版社，2005
[9] 乐昌硕．岩石学．北京：地质出版社，1998
[10] 成都地质学院岩石教研室．岩石学简明教程．北京：地质出版社，1979
[11] 朱志澄．构造地质学．武汉：中国地质大学出版社，2004
[12] 常庆瑞，蒋平安．遥感技术导论．北京：科学出版社，2004
[13] 陈华惠．遥感地质学．北京：地质出版社，1984
[14] 金泽兰．地质图编制法．北京：地质出版社，1982
[15] 谯章明．地质图绘制．北京：原子能出版社，1984
[16] 杨景春．地貌学教程．北京：高等教育出版社，1988
[17] 金京模．地貌类型图说．北京：科学出版社，1984
[18] 曹伯勋．地貌学及第四纪地质学．北京：中国地质大学出版社，1999
[19] 杨景春，李有利．地貌学原理．北京：北京大学出版社，2005
[20] 刘南威．自然地理学．北京：科学出版社，2000
[21] 王大纯等．水文地质学基础．北京：地质出版社，1998
[22] 彭真万．综合地质．北京：中国建筑工业出版社，2003
[23] 马永立．地图学教程．南京：南京大学出版社，2000
[24] 孙家抦，舒宁，关泽群．遥感原理、方法和应用．北京：测绘出版社，1999
[25] 陈述彭，赵英时．遥感地学分析．北京：测绘出版社，1990
[26] 庄培仁，赵不亿．遥感技术及地质应用研究．北京：地质出版社，1986
[27] 邓良基．遥感基础与应用．北京：中国农业出版社，2003
[28] 刘黎明等．土地资源调查与评价．北京：科学技术文献出版社，1994
[29] 地质矿产部书刊编辑室．区域地质调查野外工作方法．北京：地质出版社，1984
[30] 刘秀池．泰山大全．济南：山东友谊出版社，1995
[31] 周训．水文地质学习题集．北京：地质出版社，2002
[32] 王根厚等．周口店地区地质实习指导书．北京：中国地质大学，2004

主要参考文献

[33] 郭祥瑞. 建筑工程测量实习指导及习题集. 广州：华南理工大学出版社，1998
[34] 杨士弘. 自然地理学实验与实习. 北京：科学出版社，2002
[35] 王建. 现代自然地理学实习教程. 北京：高等教育出版社，2006
[36] 苏生瑞. 地质实习教程. 北京：人民交通出版社，2005
[37] 北京市地质矿产局. 北京市区域地质志. 北京：地质出版社，1991